异色瓢虫

及其扩繁和应用

编　著◎夏鹏亮（湖北省烟草公司恩施州公司）

　　　　冯　毅（西北农林科技大学）

　　　　王　瑞（湖北省烟草公司恩施州公司）

编　委（以姓氏笔画为序）

　　　　于兴林（西北农林科技大学）

　　　　王　瑞（湖北省烟草公司恩施州公司）

　　　　邓建强（湖北省烟草公司恩施州公司）

　　　　冯　毅（西北农林科技大学）

　　　　朱宗第（湖北省烟草公司恩施州公司）

　　　　任晓红（湖北省烟草公司恩施州公司）

　　　　全　琳（湖北省烟草公司恩施州公司）

　　　　许汝冰（湖北省烟草科学研究院）

　　　　李进平（湖北省烟草科学研究院）

　　　　李锡宏（湖北省烟草科学研究院）

　　　　赵安民（湖北省烟草公司恩施州公司）

　　　　夏鹏亮（湖北省烟草公司恩施州公司）

　　　　黄　勇（湖北省烟草公司恩施州公司）

　　　　彭五星（湖北省烟草公司恩施州公司）

　　　　解晓菲（湖北省烟草公司恩施州公司）

　　　　谭　军（湖北省烟草公司恩施州公司）

　　　　樊　俊（湖北省烟草公司恩施州公司）

华中科技大学出版社

http://www.hustp.com

中国·武汉

图书在版编目(CIP)数据

异色瓢虫及其扩繁和应用/夏鹏亮,冯毅,王瑞编著. —武汉:华中科技大学出版社,2021.5
ISBN 978-7-5680-6887-1

Ⅰ.①异… Ⅱ.①夏… ②冯… ③王… Ⅲ.①异色瓢虫-研究 Ⅳ.①Q969.496.8

中国版本图书馆 CIP 数据核字(2021)第 074673 号

异色瓢虫及其扩繁和应用
Yise Piaochong ji Qi Kuofan he Yingyong

夏鹏亮
冯　毅　编著
王　瑞

策划编辑:郭逸贤
责任编辑:郭逸贤
封面设计:廖亚萍
责任校对:李　弋
责任监印:周治超
出版发行:华中科技大学出版社(中国·武汉)　电话:(027)81321913
　　　　　武汉市东湖新技术开发区华工科技园　邮编:430223
录　　排:华中科技大学惠友文印中心
印　　刷:湖北新华印务有限公司
开　　本:850mm×1168mm　1/32
印　　张:3
字　　数:66 千字
版　　次:2021 年 5 月第 1 版第 1 次印刷
定　　价:48.00 元

内 容 简 介

本书首先概括了异色瓢虫的生物学和生态学及相关研究进展，并进一步着重介绍了异色瓢虫规模化扩繁的理论、相关技术及其应用，内容涉及异色瓢虫昆虫源及非昆虫源饲料的研制、人工扩繁及储藏技术的发展、存在问题和对策，以及释放和防治效果评价等。

本书依据异色瓢虫规模化饲养成功的实践，详细介绍了异色瓢虫的养殖技术，包括养虫室选址和建设、饲料选择和具体养殖方式。本书还介绍了异色瓢虫控蚜技术，包括释放时期、释放量和释放方式，总结了异色瓢虫养殖释放技术流程，并探讨了其推广前景。

本书适合天敌昆虫饲养和规模化扩繁技术的相关企业人员，生产绿色作物的农、林产品公司的技术人员以及农户等参考阅读。

前　言

　　生态文明建设是关系中华民族永续发展的根本大计。农业生产的绿色可持续化是生态文明建设的重要组成部分，而有效利用天敌防控害虫是农业可持续发展的重要技术手段。农业生产领域对以异色瓢虫为代表的天敌的生态调控，规模化人工扩繁等关键技术的需求非常强烈。近年来国内外关于异色瓢虫的生态学、人工饲养以及扩繁的理论和应用研究也取得了许多进展，异色瓢虫人工扩繁关键技术也在不断地改进和完善。基于此，我们编写了《异色瓢虫及其扩繁和应用》一书。

　　本书首先系统介绍了异色瓢虫相关生物学和生态学研究进展，并进一步详细介绍了异色瓢虫规模化扩繁的相关理论和关键技术，包括昆虫营养与人工饲料的研制，异色瓢虫规模化饲养成功的相关案例，规模化饲养的关键技术设备等。

　　本书参考和汇集了大量的国内外本领域专家的相关研究成果，在介绍国内外相关研究的发展动态、前沿理论的同时也对异色瓢虫的实验室及规模化饲养和扩繁关键技术进行了详细的梳理和总结，分析了相关技术在实际应用上的前景，并提出有待改进的方面。编者期望本书的编写和出版有助于异色瓢虫等重要天敌的实际应用和相关产业的发展。

本书对异色瓢虫规模化养殖既有理论指导价值又有实践应用价值,适合应用昆虫饲养和规模化扩繁技术的相关企业,生产绿色作物的农、林产品公司的技术人员以及农户等参考使用。本书图文并茂,方便读者理解和掌握异色瓢虫的形态、相关行为习性及其规模化扩繁和应用的重要技术。

由于编者水平有限,书中难免有疏漏和不妥之处,敬请读者批评指正。

编者

目　录

第一章

概　述

异色瓢虫 *Harmonia axyridis* Pallas 属鞘翅目（Coleoptera）瓢甲科（Coccinellidae）瓢甲亚科（Coccinellinae）瓢虫属（*Harmonia*），分布于中国、俄罗斯、蒙古、朝鲜、日本等地。异色瓢虫在我国广泛分布，除广东省南部、香港地区没有发现分布以外，其余地区均有分布（刘震，2009）。异色瓢虫俗称"花大姐""花盖虫""放牛小""货郎挑"等。异色瓢虫是杂食性昆虫，能捕食多种蚜虫（Hukusima and Kamei，1970）、介壳虫（McClure，1987；Hodek and Honěk，1996）、鳞翅目害虫的卵（Hodek and Honěk，1996）以及其他害虫（Koch，2003）。异色瓢虫在我国以及亚洲许多地区都是一种重要的捕食性天敌（王小艺和沈佐锐，2002）。异色瓢虫在我国北方各种农田生态系统中都很常见，如麦田（图1-1）、玉米田（图1-2），果园如苹果园（图1-3）、桃园（图1-4），温室蔬菜大棚（图1-5），以及草地（图1-6）等处。与其他捕食性瓢虫相比，其具有诸如对环境适应力强、易于在不同条件下存活；交配产卵期较长、单雌产卵量大；发生代数多且成虫和高龄期幼虫的捕食量大等诸多优点（Evans，2009）。异色瓢虫是生物防治应用频度最高的天敌，它最初只分布于部分亚洲国家和地区，于20世纪七八十年代分别被美国和法国引进，并被放于当地农田生态系统中，异色瓢虫表现出了极强的适应性（Ferran et al.，1996）。截至2010年，异色瓢虫已在全世界广泛分布（图1-7仿Brown et al.，2011）。由于其对温度、湿度和地理环境的极强的适应能力，以及高效的防控能力，异色瓢虫在当今生物防治应用上日益引起了大家的关注（Snyder et al.，2004；Fu et al.，2017）。

图 1-1 麦田的异色瓢虫成虫(冯毅 摄)

图 1-2 玉米田中的异色瓢虫成虫(冯毅 摄)

图 1-3　苹果叶上的异色瓢虫成虫(冯毅　摄)

图 1-4　桃树上的异色瓢虫四龄幼虫(冯毅　摄)

图 1-5　黄瓜叶片上的异色瓢虫成虫(冯毅　摄)

图 1-6　杂草上的异色瓢虫成虫(冯毅　摄)

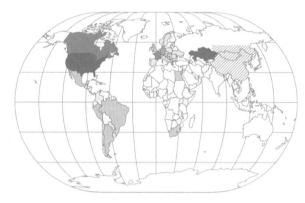

首次报道时间 ■截至1990年 ■1990—1995 ▨1996—2000
▧2001—2005 ■2006—2010 □未报道 ▨发源地

图 1-7 截至 2010 年,异色瓢虫在世界范围内的分布(基于对异色瓢虫在各地区的研究和报道)(仿 Brown et al. ,2011)

主要参考文献

[1] 刘震. 人工扩繁代异色瓢虫最适冷藏条件研究[D]. 泰安:山东农业大学,2009.

[2] 王小艺,沈佐锐. 异色瓢虫的应用研究概况[J]. 昆虫知识,2002,39(4):255-261.

[3] Brown P M J,Thomas C E,Lombaert E,et al. The global spread of *Harmonia axyridis* (Coleoptera:Coccinellidae):distribution, dispersal and routes of invasion[J]. BioControl,2011,56:623-641.

[4] Evans E W. Lady beetles as predators of insects other than Hemiptera[J]. Biological Control,2009,51(2):255-267.

[5] Fu W Y, Yu X L, Ahmed N, et al. Intraguild predation on the aphid parasitoid *Aphelinus asychis* by the ladybird *Harmonia axyridis*[J]. BioControl, 2017, 62: 61-70.

[6] Koch R L. The multicolored Asian lady beetle, *Harmonia axyridis*: a review of its biology, uses in biological control, and non-target impacts[J]. Journal of Insect Science, 2003, 3(32): 1-16.

[7] McClure M S. Potential of the Asian predator, *Harmonia axyridis* Pallas(Coleoptera: Coccinellidae), to control *Matsucoccus resinosae* Bean and Godwin (Homoptera: Margarodidae) in the United States[J]. Environmental Entomology, 1987, 16(1): 224-230.

[8] Snyder W E, Ballard S N, Yang S, et al. Complementary biocontrol of aphids by the ladybird beetle *Harmonia axyridis* and the parasitoid *Aphelinus asychis* on greenhouse roses[J]. Biological Control, 2004, 30: 229-235.

第二章

异色瓢虫的生物学和生态学

一、形态特征

异色瓢虫属于完全变态昆虫,其一生可以分为卵、幼虫、蛹、成虫4个虫态(图2-1)。其中幼虫可以分为一龄、二龄、三龄、四龄4个时期。其中在四龄幼虫发育后期至蛹期前的一个阶段也被称为预蛹期。

图2-1 异色瓢虫不同发育阶段的形态

A. 交配;B. 卵;C. 刚孵化的一龄幼虫;D. 孵化一天的一龄幼虫;E. 二龄幼虫;F. 三龄幼虫;G. 四龄幼虫;H. 蛹;I. 刚羽化的成虫(A、C、D、E、H、I冯毅 摄;B、F、G于兴林 摄)

1. 卵

卵呈椭圆形,约1.2 mm长。卵多聚集成卵块,少数单粒散产,每个卵块卵的数量不等,一般为10~40粒。卵期3天左右,刚产下的卵为黄白色,随着时间的延长,逐渐变为深黄色。卵在孵化前 24 小时会逐渐变为灰黑色。当卵粒颜色完全转变成黑色 4 小时后，可观察到初孵的一龄幼虫开始爬出觅食。

2. 幼虫

体长从一龄幼虫的 1.9～2.1 mm 到四龄幼虫的 7.5～10.7 mm。幼虫虫体底色以黑色为主。初孵一龄幼虫体色为浅绿色，体长接近卵长，约半天时间后身体颜色慢慢变为浅灰黑色；二龄幼虫体长为 3～4 mm，体色为灰黑色，其腹部背面第一腹节出现两个淡黄色刺突状突起；三龄幼虫体长逐渐增长，腹部背面两侧分别可见 5 个黄色刺突状突起，由前到后排成一列且逐渐变小；四龄幼虫体长更长，身体更加饱满，腹部背面两侧的 5 个突起（共 10 个）颜色均变为橙色，且在背脊靠尾端出现 4 个橙色突起（荆英等，2002）。

3. 蛹

四龄幼虫发育至后期静止不动并且不再取食时，就表明其将化蛹。蛹期前存在一个很短的预蛹期，为 1 天左右。蛹近圆形，多为橙黄色，背部可以清楚地观察到 2 个大的黑色斑点。化蛹时四龄幼虫以尾部附着物体，身体开始卷曲化蛹，化蛹时背部隆起，头部向腹部弯曲。蛹腹部末端存在刺突，四龄幼虫的蜕皮包围在此处（孙立中，2013）。化蛹时异色瓢虫个体形态差异不大。

4. 成虫

成虫呈短椭圆形，身体适度凸起。成虫个体大小不一，体长 4.9～8.2 mm，宽 4.0～6.6 mm，长宽比约为 5∶4（Sasaji，1971；Koch，2003）。成虫身体被鞘翅覆盖，表面无毛有光泽（王延鹏等，2007）。头部为黑色、黄色，或者是黑色带有黄色标记(Sasaji,1971)。前胸背板为淡黄色,中间带有一点黑色标记。这些黑色标记为 4 个黑点、两条曲线、一条黑色的 M 形标记,或者是一个黑色的立体梯形标记(Chapin and Brou,1991)。前胸背板的侧缘有一个淡黄色的椭圆形的点。其鞘翅底色各种各样,包括淡黄色、黑色、橙红色等(图 2-2)。异色瓢虫成虫鞘翅色彩变化丰富,具有多种颜色和数目各不相同的色斑,这些色斑常以黑色或淡黄色作为底色,形成黑底黄斑或者黄底黑斑等多种不同的色斑类型(江永成和朱培尧,1993)。异色瓢虫成虫色斑类型是一系列等位基因综合表达的结果,异色瓢虫成虫生长发育以及环境条件和食物等因素都能影响异色瓢虫体表色斑的变化(唐斌等,2012)。亚

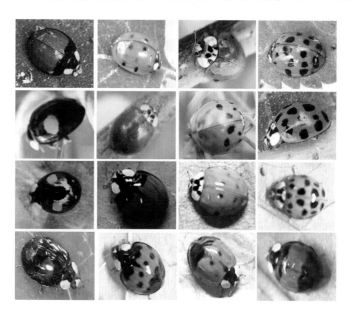

图 2-2 异色瓢虫成虫的部分色斑种类(冯毅 摄)

洲许多地区的异色瓢虫的色斑种类都在数十种以上,其中黑底型和非黑底型的比例会伴随季节变化而变化。异色瓢虫的色斑变化在不同地区之间更为明显,在其原产地亚洲中部及东部地区,异色瓢虫的色斑以黑底型为主;而在其引入地北美地区,则以黄色等非黑底型为主(袁荣才等,1994;荆英等,2002;Heimpel and Lundgren,2000)。

　　如图 2-3 所示,异色瓢虫在其鞘翅末端往前约 3 mm 处有一横状脊,这是在野外环境下区别该种与其他种瓢虫的主要依据(王延鹏等,2007)。

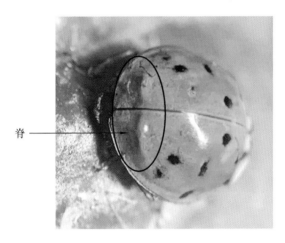

脊

图 2-3　异色瓢虫鞘翅末端掐痕(脊)(于兴林　摄)

　　异色瓢虫雌虫个体体型明显大于雄虫。异色瓢虫雌雄成虫辨别特点如下:雄虫头部唇基边沿处无明显黑色斑点,腹部镜检可见第二腹板后缘向头部方向凹陷,雌虫头部唇基边沿处可见明显长椭圆形深斑点,生殖孔前一腹板后缘不见内陷,尾部正常弧形突出(图 2-4)(McCornack et al.,2007)。

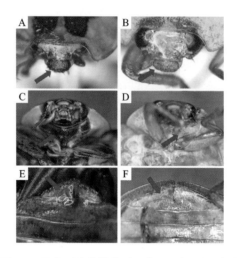

**图 2-4　异色瓢虫雌雄鉴别图鉴（冯毅　摄，参考
McCornack et al. ,2007 中的方法）**

A、C、E 为雌性；B、D、F 为雄性

二、生物学习性

（一）生活史

异色瓢虫以成虫聚集越冬，至来年春季开始出蛰。自然
条件下，异色瓢虫在不同地区、不同环境条件下发育历期和
发生代数差异很大（Lamana and Miller,1996,1998）。异色
瓢虫在我国东北地区一年常发生 3 代（孙立中,2013），在中部
地区一年发生 5～7 代（梅象信等,2008），而在我国南方地区
一年发生 6～8 代（李金瑞,2015）。在我国由南到北异色瓢虫
的发生代数逐渐减少，也就是说温度和光照时间对异色瓢虫
的生长发育和产卵等有直接的影响（王甦等,2007）。

在室内不同温度条件下检测异色瓢虫的全世代发育历期，发现发育历期时间长短与温度成反比。Lamana 和 Miller（1998）指出在 26 ℃时，以豌豆蚜 *Acyrthosiphon pisum* Harris 为食物时，异色瓢虫各个龄期的发育时间为：卵期 2.8 天，一龄幼虫 2.5 天，二龄幼虫 1.5 天，三龄幼虫 1.8 天，四龄幼虫 4.4 天，蛹期 4.5 天。当室温为 24 ℃时，异色瓢虫每代历期为 31.37 天，雄性寿命为 90.25 天，雌性为 86.9 天，每头雌虫平均产卵量约 751 粒。Lamana 和 Miller（1998）的研究结果显示，在 18～30 ℃温度范围内异色瓢虫幼虫发育到成虫的存活率为 83%～90%，4 ℃时降低到 25%，10 ℃时为 42%。14 ℃时异色瓢虫的平均发育历期为 81.1 天，30 ℃时为 14.8 天。当环境温度为 10 ℃和 34 ℃时异色瓢虫卵不能孵化，0 ℃时其一龄幼虫不能羽化。卵到成虫的平均发育起点温度为 11.2 ℃。地理位置和食物的差异也会造成异色瓢虫发育历期长短的不一致，如美国俄勒冈州异色瓢虫种群的有效积温为 267.3 天·摄氏度，明显高于法国种群的 231.33 天·摄氏度。Ongagna 和 Iperti（1994）研究发现，异色瓢虫卵的孵化期在恒温 17 ℃时为 10 天，20 ℃时为 4 天，且 20 ℃时短光周期会显著增加幼虫发育历期时间，但其死亡率没有明显变化。长光周期导致成虫快速成熟和繁殖，短光周期导致 70%雌虫卵巢滞育，适当的温度和长光周期可解除滞育。雷朝亮等（1989）研究表明，异色瓢虫全世代的发育起点温度为 8.21 ℃，有效积温 353.46 天·摄氏度，21 ℃为其最适温度，29 ℃为最适产卵温度。在中低温区，异色瓢虫幼虫各龄期发育历时长短与其生长所处温度呈负相关，且异色瓢虫发育所需的最适温度为 25 ℃（陈洁等，2008）。温度不仅影响异色瓢虫发育速度,还影响成虫的体重。高温条件下产生的成虫体重比低温条件下更轻(Koch,2003)。成虫寿命一般为30~90天,并且与温度有关(He et al.,1994;El-sebaey and El-gantiry,1999),然而,有些异色瓢虫最多可以活3年(Koch,2003)。

(二)交配和产卵习性

异色瓢虫需要7~10天的性成熟期(Pervez and Omkar,2006)。交配前期与产卵前期在一定温度范围内随着温度的升高,交配时间和产卵量下降(He et al.,1994)。异色瓢虫交配后的产卵间隔期在不同个体间差异也很大(李亚杰等,1979)。异色瓢虫交配时间多在下午5~6时(张永强等,2010)。

性腺的成熟可影响雌虫的感受能力,当性腺未成熟时它们对交配表现出明显的拒绝,如跑远,腹部上扬,或以从高处落下来的方式驱赶雄虫(Obata,1988)。雌虫对于交配的接受能力随着卵巢的发育时间延长而增加。视觉和化学信号都对雄虫交配识别有一定影响。交配时,雄虫一般积极地接近、试探雌虫,当确定可以交配的对象时,雄虫会从雌虫背部逐渐靠近,然后以下唇须触及异性尾部,慢慢爬上异性身体背侧,雄虫外生殖器从体内伸出后稍弯曲向前接近雌虫生殖器,以外露的生殖器与雌虫进行交配(图2-5),而其整个交配过程有时能达数小时。交配完毕后雌雄成虫自动分开,雄虫寻找下一个交配对象,而雌虫需要寻找合适地点产卵(李金瑞,2015)。

在交配过程中雄虫腹部的晃动有时会持续两个小时以上,一般第一次交配的时间要长于以后的交配时间,在交配

图 2-5 异色瓢虫交配行为(冯毅 摄)

后 14.8 分钟,雌虫会排出精囊,并最终把它吃掉。这种精囊的消化率接近 95%。交配时雄虫严格而有规律地摇动身体,这是精液输送的过程。何继龙等(1994)研究发现,上海种群中以显性变种为优势种,每对交配次数最多可达 30 次,最少为 4 次,平均为 18 次,交配时间最短为 45 分钟,最长可达 5 小时。

自然界的雌虫种群有很高的受精频率,然而野外调查研究表明参与到后代的产生过程中的雄虫很少,这表明雄虫在野外有强大的授精压力(Osawa,1994)。这可能是因为异色瓢虫在野外的交配频率要低于在实验室的交配频率。Ueno(1996)研究表明在一块区域只有 13.8% 的雄虫会交配两次以上。雌虫受精囊的精子保存能力有限,最新进来的精子与储存的精子相比有与卵子结合的优先权(Ueno,1994)。体型大的异色瓢虫射精量大,且能长时间传送精子,因此体型大的雄虫比体型小的雄虫具有更高的授精成功率(Ueno,

1994)。参与交配的雄虫比未能成功交配的雄虫体型更大，这可能说明交配成功与体型有关。此外，异色瓢虫雄虫体表黑化程度也可能与交配有关（Ueno et al.，1998）。

Obata（1988）研究认为雌性异色瓢虫对于与其交配的雄性异色瓢虫具有一定的偏好性选择，其会自主选择交配的雄性异色瓢虫。大量的实验观察表明异色瓢虫成虫的产卵期很长，且产卵量很大，但随着异色瓢虫成虫产卵时间的延长，其产卵量逐渐降低（Pervez and Omkar，2006）。实验室条件下，异色瓢虫一生最多可产 3819 粒卵，平均每天产卵 25.1 粒（Hukusima and Kamei，1970）。然而，Stathas 等（2001）报道了相对较低的最大繁殖力，共产 1642 粒卵。一般情况下，一次产卵大概 20～30 粒（Koch，2003）。Osawa（1994）通过田间观察得出结论：雌性异色瓢虫会对其所在的捕食环境进行评估，会根据环境的变化而改变产卵策略，即其产卵量会随着田间蚜虫发生密度的变化而变化，蚜虫发生密度大则产卵量大。Yasuda 等（2000）研究表明，异色瓢虫幼虫搜寻食物时会留下标记，雌性异色瓢虫可根据这些标记预估一定范围内的异色瓢虫种群密度，并同时根据该种群密度的变化调整产卵策略，雌性异色瓢虫可通过迁飞选择种群密度较小的新地点产卵繁殖或通过增加卵块之间的距离来减少孵化的幼虫间的自残（Ferran et al.，1997）。

（三）取食习性

异色瓢虫对蚜虫具有极强的捕食能力（图 2-6）。Evans（2013）通过研究认为异色瓢虫一般是利用嗅觉和视觉来同时寻找猎物的。当蚜虫等猎物在某一区域的密度较高时，受害植株能释放出可以吸引天敌昆虫的挥发性化学物质，从而

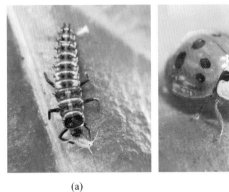

(a) (b)

图 2-6 异色瓢虫三龄幼虫和成虫捕食蚜虫(于兴林 摄)

(a)三龄幼虫;(b)成虫

可以吸引较远距离的异色瓢虫,当异色瓢虫通过嗅觉感受到这些气味时,其搜索行为就可能由大范围随机搜索转变为区域限制性搜索(曲爱军等,2004)。除了嗅觉,异色瓢虫能通过其视觉观察植株的颜色从而判断该植株上是否有蚜虫以及蚜虫的发生密度。研究表明异色瓢虫偏向于在黄色的植株上搜寻猎物;雌性异色瓢虫偏向于在蚜虫发生密度较大的植株上取食,而雄性异色瓢虫则偏向于在蚜虫发生密度较小的植株上频繁地爬行搜索猎物(Mondor et al.,2000)。异色瓢虫雌雄成虫均能表现出区域限制性搜索行为,其搜索猎物时爬行的速度在成功捕食猎物前显著大于捕食后,且光照对异色瓢虫幼虫的觅食行为有影响。有研究表明,蚜虫的蜜露对异色瓢虫具有极强的吸引作用,异色瓢虫在有蜜露环境下的搜索时间往往较长。异色瓢虫对猎物的捕食具有很强的聚集性,幼虫与成虫往往聚集在猎物密度较大的区域内捕食,并且对不同的环境具有不同的聚集性(任广伟等,2000)。

（四）食性和捕食行为

1. 基本食谱和捕食行为

异色瓢虫食谱范围非常广泛,可取食多种蚜虫、粉虱(图 2-7)、松干蚧、粉蚧、绵蚧、术虱、螨类、部分类群鳞翅目和鞘翅目昆虫的卵、低龄幼虫和蛹等,其中蚜虫是异色瓢虫最主要的食物来源(表 2-1)。异色瓢虫是杂食性昆虫,其在一般情况下是肉食性的,但在食物缺乏时还会取食蚜虫蜜露(图 2-8)、花粉和某些植物的幼嫩组织等(图 2-9)。

图 2-7　异色瓢虫成虫取食粉虱若虫(冯毅　摄)

表 2-1　异色瓢虫昆虫食谱(部分)(王甦等,2007)

猎物 Prey	猎物 Prey	猎物 Prey
豌豆蚜 *Acyrthosiphon pisum* Harris	苹果绵蚜 *Eriosoma lanigerum* Hausmann	小菜蛾 *Plutella xylostella* Linnaeus

续表

猎物 Prey	猎物 Prey	猎物 Prey
桃一点斑叶蝉 *Erythroneura sudra* Distant	中国梨木虱 *Psylla chinesis* Yang et Li	绣线菊蚜 *Aphis citricola* vander Goot
棉铃虫 *Helicoverpa armigera* Hübner	豆蚜 *Aphis craccivora* Koch	禾谷缢管蚜 *Rhopalosiphum padi* Linnaeus
豆卫矛蚜 *Aphis fabae* Scopoli	苜蓿叶象甲 *H pera postica* Gyllenhal	玉米缢管蚜 *Rhopalosiphum maidis* Fitch
大豆蚜 *Aphis glycines* Matsumura	麦二叉蚜 *Schizaphis graminum* Rondani	棉蚜 *Aphis gossypii* Glover
麦长管蚜 *Sitobion avenae* Fabricius	巢菜修尾蚜 *Megoura viciae* Buckton	苹果瘤蚜 *Myzus malisuctus* Matsumura
山楂叶螨 *Tetranychus viennesis* Zacher	白毛蚜 *Chaitophorus populialbae* Boyer et Fonscolombe	桃蚜 *Myzus persicae* Sulzer
欧洲玉米螟 *Ostrinia nubilalis* Hubner	桃瘤蚜 *Tuberocephalus momonis* Matsumura	落叶松大蚜 *Cinara laricis* Harting

　　实验表明,异色瓢虫取食不同种类蚜虫的功能反应类型有Ⅰ型、Ⅱ型和Ⅲ型。Ⅰ型即取食量与猎物密度呈线性相关。而多数室内研究结果为Ⅱ型,即蚜虫种群增长为非密度制约,而异色瓢虫的种群增长为线性密度制约。例如:当异

图 2-8　异色瓢虫成虫取食蚜虫蜜露(冯毅　摄)

图 2-9　异色瓢虫成虫取食植物幼嫩组织(冯毅　摄)

色瓢虫取食棉蚜（*Aphis gossypii* Glover）（Lee and Kang，2004）时，其功能反应为Ⅱ型。在蚜虫爆发的早期阶段，由于食物短缺造成异色瓢虫因饥饿而进行自残，导致其捕食能力下降；当蚜虫密度上升至一定水平后，异色瓢虫的捕食量保持在稳定水平，如异色瓢虫取食落叶松大蚜（*Cinara laricis* Harting）（胡玉山等，1989）。

异色瓢虫取食蚜虫的功能反应除受蚜虫密度影响外，其取食时间、猎物空间分布、实验区域大小以及同种和异种天敌个体间的竞争等因素都会影响异色瓢虫对于蚜虫功能反应的类型（Feng et al.，2018a，2018b）。例如：在风洞实验中，当绣线菊蚜在植物上为聚集分布，而取食时间分别为1小时、2小时、6小时、12小时或24小时时，异色瓢虫取食绣线菊蚜的功能反应为Ⅰ型。而当绣线菊蚜均匀分布时，取食时间1小时和2小时的异色瓢虫的功能反应类型为Ⅰ型，但当取食时间为6小时、12小时或24小时时，其功能反应类型表现为Ⅱ型。而在培养皿中，异色瓢虫取食绣线菊蚜的功能反应类型均为Ⅱ型（Feng et al.，2018b）。研究天敌对害虫的控制能力，需要研究其对害虫的整体反应，即将功能反应以及数值反应等综合起来，但对于异色瓢虫对蚜虫等害虫的整体反应，还需进一步在田间条件下深入研究。

2. 自残行为

生物体种内自残现象是某一种生物杀死并吃掉同种个体的过程。食用同种个体在一定环境条件下可以保证同种幼虫发育为成虫，并且可以保证幼虫有较为充足的猎物，从而保证其种群的延续（Kindlmann and Dixon，1993）。在整个产卵期，新生幼虫对于卵的取食非常常见（图2-10），这与产

图 2-10   四龄异色瓢虫幼虫对卵的取食(于兴林   摄)

卵地点无关(Osawa,1992a),这主要是由于同一卵块中幼虫孵化时间存在差异,或者卵块中有无法正常孵化的卵(Kawai,1978)。这些卵本身无法发育成幼虫,并且雌性成虫产这些卵的目的就是让它们作为营养卵(Perry and Roitberg,2005)。瓢虫产营养卵的机制目前还不清楚,可能是因为雌性成虫未受精或者是存在杀雄菌(Hurst and Majerus,1993)。一般认为营养卵的产生直接受雌性成虫控制(Osawa,2002)。雌性成虫在蚜虫密度较低时,产生卵的数量基本相同,以增加后代存活率;而在蚜虫密度高时,雌性成虫会降低自残的程度,这种产卵行为表明自残现象是用来适应不良情况的(Osawa,1992b)。相对雌性异色瓢虫来说,取食同种卵的自残行为对于雄性异色瓢虫更有利。

除对于卵的取食外,异色瓢虫同龄期或不同龄期的同种幼虫间也会发生自残现象(图 2-11)。当猎物密度较低时,考

图 2-11　一龄异色瓢虫互相攻击（于兴林　摄）

虑到自残的利与弊,这种特性很清楚地表明取食同种幼虫的自残行为对异色瓢虫种群的延续是有利的(Osawa,1992b)。自残使得它们发育更快并且成虫体型更大(Osawa,2002)。发育得更快会让它们更加适应寻找猎物,而大的体型会让雌性的繁殖力和它们交配的成功率提高,这都是通过自残现象提高异色瓢虫适应性而产生的。

3. 集团内捕食作用

集团内捕食作用是指利用相同资源的竞争者互相取食的现象(Fu et al.,2017)。异色瓢虫是一种占优势的集团内捕食者,它可以取食瓢虫(如龟纹瓢虫(*Propylaea japonica* Thunberg)(图 2-12)、草蛉、食蚜蝇、寄生蜂等(Pell et al., 2008)。异色瓢虫同其他处于相同营养级或生态位(一个常见的猎物区域由不同捕食者取食)的捕食者相比常常可以胜

图2-12　四龄异色瓢虫取食一龄龟纹瓢虫幼虫(于兴林　摄)

出。异色瓢虫在生理和行为上的优势使它可以在与其他竞争者的竞争中胜出。异色瓢虫能够以七星瓢虫(*Coccinella septempunctata* Linnaeus)或普通草蛉(*Chrysoperla carnea* Stephens)的卵(Phoofolo and Obrycki，1998)或幼虫为食物而成功饲养(Yasuda et al.，2001;Sato and Dixon，2004)。然而，七星瓢虫却很少能单独以异色瓢虫的卵或幼虫为食物并顺利完成发育。与七星瓢虫相比，异色瓢虫有很高的攻击率、逃跑速度和捕食率，前者被认为是后者的集团内猎物(Yasuda et al.，2001)。

集团内捕食作用不仅与捕食者的大小有关，而且也和它们行为和防御反应的不同有关，包括：①抓捕集团内猎物的能力；②避免被集团内捕食者袭击的能力。异色瓢虫同时具备这两方面的优势，进而在与其他本地种竞争中可获胜(Pervez and Omkar，2006)。

异色瓢虫取食二星瓢虫(*Adalia bipunctata* Linnaeus)的卵后存活率下降，表明它们并不愿意取食部分异种昆虫的卵

(Sato and Dixon，2004)。低敏感性真菌 *Beauveria bassiana* Balsamo(在其他物种中被找到,尤其是 *Olla vnigrum* Casey)可能会为异色瓢虫提供一种集团内捕食优势(Cottrell and Shapiro-Ilan,2003)。异色瓢虫的聚集行为和极强的取食能力以及它们的化学防御都使得它们能够在与相同生态位的物种竞争中胜出,并且扩大种群。

关于异色瓢虫和其他捕食性天敌间的集团内捕食作用的研究较多,而关于其和寄生蜂间的集团内捕食作用的研究还相对较少。通常情况下,异色瓢虫和其他捕食性天敌间的集团内捕食作用可能是对称的(两种互相捕食),也可能是不对称的(一种捕食另一种),然而其与寄生蜂间的集团内捕食作用却都是不对称的,即异色瓢虫可以取食寄生蜂寄生的蚜虫,但是寄生蜂对异色瓢虫却没有任何直接威胁。之前研究表明异色瓢虫可以取食被寄生的蚜虫(此时蚜虫体内含有寄生蜂幼虫),以及寄生蜂寄生蚜虫形成的僵蚜(此时蚜虫体内含有寄生蜂的蛹)(图 2-13),并且寄生蜂会在有瓢虫出现的地方减少产卵(Meisner et al.,2011)。Takizawa 等(2000)研究发现使用科曼尼蚜茧蜂(*Aphidius colemani* Viereck)寄生豆蚜(*Aphis craccivora* Koch)产生的被寄生的蚜虫(被寄生3天)可以用来饲喂异色瓢虫,并且其和使用正常蚜虫饲喂的异色瓢虫之间的生长发育时间和存活率无显著性差异。然而当使用僵蚜饲喂时,会延长异色瓢虫的发育历期,但是不会影响其死亡率。虽然异色瓢虫可以取食被寄生蚜虫和僵蚜,但是其对于猎物具有选择性。Meisner 等(2011)发现其对于未被寄生蚜虫和被寄生蚜虫之间没有选择性,而未被寄生蚜虫和僵蚜一起出现时,其明显偏好于取食未被寄生蚜虫。相似的结果也在 Fu 等(2017)和 Yu 等(2018)的室内实

图 2-13 异色瓢虫取食短翅蚜小蜂僵蚜(于兴林 摄)

验中被发现。Snyder 等(2004a)将异色瓢虫和短翅蚜小蜂
(*Aphelinus asychis* Walker)共同使用防治桃蚜时,虽然异色
瓢虫会取食短翅蚜小蜂寄生产生的僵蚜,但是其降低了蚜虫
爆发时的密度,却未影响寄生蜂寄生率,这就表明异色瓢虫
可以和寄生蜂互相补充来共同防控桃蚜,而不会影响寄生蜂
对于蚜虫的防控效果。

　　病原真菌感染是一种常见的防治蚜虫的手段,其与异色
瓢虫之间的集团内捕食作用存在对称和不对称两种情况。
通常使用的病原真菌都属于寄主比较专一的接合菌纲,也有
一些来自寄主范围较广的子囊菌纲。在病原真菌感染的末
期,蚜虫已经基本不动,这就导致蚜虫极易被异色瓢虫捕食。
Roy 等(2008a)发现在实验室内,*Pandora neoaphidis* 侵染的
蚜虫可以被异色瓢虫取食,并且对正常蚜虫和被病原真菌感
染的蚜虫几乎没有偏好性。异色瓢虫对被病原真菌感染的
蚜虫的取食会导致蚜虫种群内病原真菌的接种体数量下降,

这就可能降低病原真菌的进一步传播。*Pandora neoaphidis* 只感染蚜虫，所以这就是一种非对称的集团内捕食作用。其他的病原真菌具有广泛的寄主，既可以感染蚜虫，又可以感染瓢虫，这种情况下的集团内捕食作用就是对称的。例如分离得到的病原真菌（*Metarhizium anisopliae*，*Paecilomyces fumosoroseus* 和 *Beauveria bassiana*）既可以感染蚜虫，又可以感染瓢虫（Keller and Zimmerman，1989；Butt et al.，1994；James and Lighthart 1994；Magalhaes et al.，1988；Yeo，2000；Ormond et al.，2006）。Roy 等（2008b）评估了异色瓢虫对于球孢白僵菌（*Beauveria bassiana*）的敏感性，发现当每毫升菌液有 10^9 个孢子时可以导致异色瓢虫死亡，而对于七星瓢虫和二星瓢虫，每毫升菌液有 10^7 个孢子时，就会导致七星瓢虫的死亡率达到 80%，二星瓢虫的死亡率达到 70%。但是对于异色瓢虫与病原真菌之间的对称的集团内捕食作用的意义目前还不清楚。

（五）滞育

昆虫能感知光周期、温度、食物因子等的变化，从而采取相应的生活史对策，以适应季节的变化，从而适应不利的环境条件。迁飞是昆虫对不利环境条件在空间上的一种适应性策略，而滞育是昆虫在时间上适应不利环境条件的策略（王小平等，2004；Tauber and Tauber，1974）。昆虫的滞育受外界环境条件和内部遗传因素的综合调控，是对光周期、温度等环境条件变化的遗传性适应，是在一定季节或一定时期必然产生的一种现象。异色瓢虫也具有滞育等特性，当气温低于 8 ℃时，异色瓢虫迁入越冬场所进行越冬。Sakurai 等（1993）观察到，仲夏时期异色瓢虫虽然呼吸速率降低，但体重却有增加,交配行为和产卵活动都持续活跃。这表明夏眠成虫虽然生命力受到抑制,但只是处于精力减退状态,而不是滞育。冬眠成虫的呼吸速率和体重快速降低,在冬季自然条件下也没有交配行为,表明冬眠成虫处于滞育状态。在田间采集到的冬眠成虫卵巢发育受到抑制,这种受抑制的状态一直持续到 4 月以后。异色瓢虫冬眠是由咽侧体控制的。当给予越冬成虫一定的光照、食物、温度等条件,2~3 天即可恢复取食、交配和产卵,这表明异色瓢虫可能属于兼性滞育。

异色瓢虫大多越冬在山峰顶部,在由裸露大石所组成的石洞或石隙内,其周围石缝较多,树木少,仅有杂草,海拔 200~350 m。石洞朝向均为朝阳的东南或西南方,日照时间较长,石缝则完全在背风向阳的石头下面。其共同特点就是背风向阳,冬暖夏凉,一侧开口。当然可能在不同地区有一些差异,如鄂西越冬成虫多分布在海拔 200~800 m 之间,且在低海拔地区多于高海拔地区。异色瓢虫的越冬聚集无方位性,也没有明显的证据显示聚集是由于信息素的作用,其可能是基于接触交流信息或以往残留的气味来识别的。越冬代异色瓢虫有较强的飞行能力,但个体间差异很大。

(六)田间动态和分布

异色瓢虫田间数量与蚜虫密度呈正相关,且雌虫与雄虫在行为上存在显著差异。当雄虫在植物上搜寻猎物时,雌虫一般休息或取食。这可能是昆虫在长期进化中适应环境的结果。雄虫活动性强是为了寻找雌虫交配,而雌虫除了交配外,还要繁衍后代,进行产卵,这就需要大量的食物才能积累足够的物质和能量。异色瓢虫幼虫在麦田表现为聚集分布,并符合负二项分布,任广伟等(2000)在烟田的研究结果也表明异色瓢虫幼虫是聚集分布,其聚集原因可能是由其自身习性所致。

(七)入侵性

异色瓢虫已经被引进到许多国家进行害虫生物防治,这也直接或间接导致其在许多国家和地区建立长期种群。1988 年异色瓢虫在美国建立种群(Krafsur et al.,1997),然而到 2000 年异色瓢虫就已经传遍了北美的大部分地区。2001 年和 2002 年分别在阿根廷和巴西的野外发现异色瓢虫(de Almeida and da Silvav,2002;Saini,2004),但是现在它已经在几个南美国家建立了种群(Brown et al.,2011;Grez et al.,2010)。尽管不是故意将异色瓢虫引进到这些地方,但还是在南非(2001)(Stals and Prinsloo,2007)、莱索托(2008)(Stals,2010)和肯尼亚(2010)(Nedvěd et al. 2011)发现了异色瓢虫。

1999 年,欧洲地区的德国第一次报道了异色瓢虫(Brown et al.,2008)。到目前为止,异色瓢虫的种群大小和规模已经快速扩增到了 27 个国家(图 2-14)(Brown et al.,2008;Poutsma et al.,2008;Brown et al.,2013)。

在新西兰,最开始报道发现异色瓢虫是在 2002 年 10 月(Cuppen et al.,2004),但是这个地区未释放过异色瓢虫。由于异色瓢虫对环境的负面作用,2005 年,新西兰立法禁止使用异色瓢虫进行生物防治。但是异色瓢虫在 2006 年就已经扩散到新西兰全境(Brown et al.,2008)。

异色瓢虫被认为是入侵物种主要是因为其种群的建立会产生许多的负面效应。其产生的负面效应第一次被报道是在 20 世纪 90 年代(Kidd et al.,1995;Colunga-Garcia and

图 2-14　异色瓢虫在欧洲地区分布记录(仿 Brown et al.,2008)

Gage,1998;Cottrell and Yeargan,1998),并且关于它的负面影响一直报道到现在。异色瓢虫的许多特性使得它成为出色的天敌,但同时也使得它成为杰出的入侵物种。

　　在这些回顾中,可以发现在引入异色瓢虫之前对于其风险的评估是不够的。如果当时就其对非靶标猎物、种群建立和传播以及对非靶标生物体的直接和间接作用进行了风险评估,会得到该物种因具有多食性、高繁殖力以及和本地瓢虫相比较大的体型的特点,不应该被引进作为天敌的结论(van Lenteren et al.,2008)。

　　1. 异色瓢虫对非靶标节肢动物的影响

　　在欧洲(Brakefield and de Jong,2011;Roy et al.,2012)和北美(Michaud,2002;Alyokhin and Sewell,2004),异色瓢

虫种群的建立会导致农田和自然生境本土瓢虫种群数量下降,同时异色瓢虫种群的建立也会导致同一营养级蚜虫天敌的组成和种群动态发生改变(Lucas et al.,2007)。

此外,异色瓢虫不仅会威胁本地蚜虫的天敌,也会对其他节肢动物造成不利影响,如帝王蝶(*Danaus plexippus* Linnaeus)(Koch,2003;Koch et al.,2006),其他不是害虫的蚜虫(Koch and Galvan,2008),或者一些野草的生物防治天敌(Sebolt and Landis,2004)。

2. 异色瓢虫对人类的影响

异色瓢虫不仅会对昆虫产生不利影响,也会对人类造成不利影响,如其在房屋聚集可招致人类的讨厌(Lucas et al.,2007)以及引起各种各样的不便。在研究异色瓢虫冬眠时发现,岩石、树木以及人类居住的房屋都可以是其冬眠的场所(Obata,1986)。它们可能会进入房屋并且聚集在一起形成数千头的种群(图 2-15)(Nalepa et al.,2005;Wang et al.,2011)。春天时,异色瓢虫会变得活跃,并且大量的异色瓢虫会在建筑物附近爬行和飞行(Koch,2003;Majerus et al.,2006)。异色瓢虫也可引起一些人的过敏性鼻炎(Yarbrough et al.,1999;Huelsman et al.,2002;Magnan et al.,2002)。更奇怪的是有报道称异色瓢虫会咬人(Huelsman et al.,2002)。异色瓢虫有时会在蜂房进行越冬聚集。虽然养蜂人很讨厌异色瓢虫,但是它们似乎对蜜蜂无害(Caron,1996)。

异色瓢虫也是一种潜在水果成品和加工过程中的害虫。在秋季,异色瓢虫可聚集并且取食水果,如苹果(图 2-16)、梨和葡萄。这个问题在葡萄收获以及葡萄酒加工过程中尤为突出(Ejbich,2003)。在葡萄收获时很难将异色瓢虫从葡萄簇中移除,从而在后续加工过程中其易混入葡萄发酵液中。

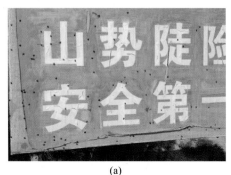

(a)

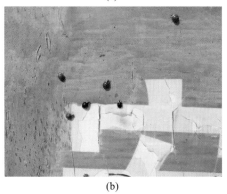

(b)

图 2-15　异色瓢虫的聚集（Mike Keller　摄）

（a）异色瓢虫聚集于建筑墙壁上；（b）墙壁局部放大图

异色瓢虫体内的生物碱会严重影响葡萄酒的风味（Ejbich，2003）。在中国，曾有报道显示异色瓢虫对于花期的影响可导致农作物产量下降（Li et al.，1992）。

三、天敌

在自然界中，异色瓢虫有众多天敌，其中包括微生物、其他捕食性或寄生性天敌、哺乳动物、食虫鸟类及蜥蜴等。寄

图 2-16　异色瓢虫成虫取食苹果（于兴林　摄）

生性天敌基本为昆虫类，主要是寄生蜂（图 2-17）、寄生蝇等，许多种类的寄生蜂可以寄生不同发育时期的异色瓢虫

0.5 mm

图 2-17　寄生异色瓢虫的寄生蜂 *Dinocampus* sp.（冯毅　摄）

(Majeru,1994)。例如,*Phalacrotophora philaxyridis* 是一种寄生异色瓢虫蛹的寄生蜂,其广泛分布于亚洲和北美洲地区(Won et al.,1996;Disney,1997);有报道显示在韩国,寄生蝇 *Degeria lutuosa* 能够寄生异色瓢虫的幼虫、蛹及成虫(Won et al.,1996)。寄生蝇 *Strongygaster trianguli fera* 和 *Strongygaster brasiliensis* 在美国部分地区常寄生异色瓢虫幼虫及蛹,并且在限制异色瓢虫扩散速度方面能发挥一定作用(Nalepa and Kidd,2002)。一些种类的茧蜂也是异色瓢虫的重要天敌,在其原产地亚洲地区(如中国北方地区),一些种类的茧蜂常寄生异色瓢虫成虫,在其体外结茧,通过影响异色瓢虫神经系统迫使其无法自由行动,从而起到保护繁育中茧蜂幼虫的作用,许多异色瓢虫如果耐不住饥饿,最终会死亡(王甦等,2007)。

除了昆虫类天敌,鸟类活动对田间异色瓢虫的种群变化也有显著影响。此外爬行类和哺乳动物也会在进入冬眠前的能量补充活动中取食异色瓢虫(Majeru,1994),例如黄石公园(美国及加拿大)的北美灰熊(*Ursus arctos horribilis*)会在入冬前大量取食群聚在其冬眠地点附近的异色瓢虫成虫。在捕食性昆虫中,蚁类的影响最为重要,蚂蚁对异色瓢虫的攻击行为通常是基于其与一些同翅目昆虫(如蚜虫)协同共生关系所产生的结果。也有少数种类的切叶蚁,如红火蚁(*Solenopsis invicta* Buren)会主动攻击异色瓢虫,并且把它当作食物取食(Dutcher et al.,1999)。

在利用异色瓢虫进行生物防治的早期阶段,这些异色瓢虫的天敌被作为阻碍因素而加以控制,以便异色瓢虫可以更加迅速地建立种群,因而人们把这些天敌归入有害生物之列。近年来,随着异色瓢虫种群规模的不断扩大,潜在威胁愈发明显,很多天敌被作为控制异色瓢虫种群的因素而加以利用。在不久的将来,这些天敌甚至可能会在很多异色瓢虫引入地区被当作专门针对异色瓢虫这一外来物种的"经典生物防治工具"而引入释放。

主要参考文献

[1] 陈洁,秦秋菊,孙文琰,等.温度对异色瓢虫实验种群的影响[J].植物保护学报,2008,35(5):405-409.

[2] 何继龙,马恩沛,沈允昌,等.异色瓢虫生物学特性观察[J].上海农学院学报,1994,12(2):119-124.

[3] 胡玉山,王志明,宁长林,等.异色瓢虫捕食落叶松大蚜功能反应研究[J].昆虫天敌,1989,11(4):164-168.

[4] 江永成,朱培尧.异色瓢虫研究综述[J].江西植保,1993,(1):30-34.

[5] 荆英,张永杰,马瑞燕.山西省异色瓢虫生物学特性研究[J].山西农业大学学报,2002,22(1):42-45.

[6] 雷朝亮,宗良炳,肖春.温度对异色瓢虫影响作用的研究[J].植物保护学报,1989,16(1):21-25.

[7] 李金瑞.异色瓢虫幼虫人工饲料的研究[D].武汉:华中农业大学,2015.

[8] 李亚杰,张时敏,杨金宽,等.异色瓢虫生活习性的初步观察[J].昆虫知识,1979,(4):155-156.

[9] 梅象信,宋宏伟,卢绍辉,等.异色瓢虫生物学特性初探[J].河南林业科技,2008,28(4):14-15,22.

[10] 曲爱军,孙绪艮,卢西平,等.异色瓢虫显现变种对寄主的寻找行为研究[J].昆虫天敌,2004,26(1):12-17.

[11] 任广伟,申万鹏,马剑光.烟田异色瓢虫幼虫空间分布型及抽样技术[J].昆虫知识,2000,37(3):164-165,163.

[12] 孙立中.异色瓢虫生物学特性观察初报[J].农业与技术,2013,33(11):93.

[13] 唐斌,诸佶,郭红双,等.异色瓢虫鞘翅色斑变异多样性研究进展[J].杭州师范大学学报(自然科学版),2012,11(2):132-136.

[14] 王甦,张润志,张帆.异色瓢虫生物生态学研究进展[J].应用生态学报,2007,18(9):2117-2126.

[15] 王小平,薛芳森,华爱,等.食料因子对昆虫滞育及滞育后发育的影响[J].江西农业大学学报,2004,26(1):10-16.

[16] 王延鹏,吕飞,王振鹏.异色瓢虫开发利用研究进展[J].华东昆虫学报,2007,16(4):310-314.

[17] 袁荣才,张富满,文贵柱,等.长白山异色瓢虫色型的考察与研究[J].吉林农业科学,1994,(4):45-54.

[18] 张永强,沈平,常承秀,等.临夏地区异色瓢虫生物学特性观察[J].甘肃林业科技,2010,35(1):71-73.

[19] de Almeida L M, da Silva V B. First record of *Harmonia axyridis* (Pallas)(Coleoptera, Coccinellidae): a lady beetle native to the Palaearctic region [J]. Revista Brasiliera de Zoologia, 2002, 19(3):941-944.

[20] Alyokhin A, Sewell G. Changes in a lady beetle community following the establishment of three alien species[J]. Biological Invasions, 2004, 6:463-471.

[21] Brakefield P M, de Jong P W. A steep cline in ladybird melanism has decayed over 25 years: a genetic response to climate change? [J]. Heredity, 2011,107:574-578.

[22] Brown P M J,Adriaens T,Bathon H,et al. *Harmonia axyridis* in Europe:spread and distribution of a non-native coccinellid[J]. BioControl,2008,53:5-21.

[23] Brown P M J, Thomas C E,Lombaert E,et al. The global spread of *Harmonia axyridis* (Coleoptera: Coccinellidae): distribution, dispersal and routes of invasion[J]. BioControl,2011,56:623-641.

[24] Brown P M J. A global invader: the worldwide distribution of *Harmonia axyridis* (Coleoptera: Coccinellidae)[J]. IOBC/WPRS Bulletin,2013,94: 51-60.

[25] Butt T M,Ibrahim L,Ball B V,et al. Pathogenicity of the entomogenous fungi *Metarhizium anisopliae* and *Beauveria bassiana* against crucifer pests and the honey bee[J]. Biocontrol Science and Technology, 1994,4:207-214.

[26] Chapin J B,Brou V A. *Harmonia axyridis*(Pallas), the third species of the genus to be found in the United States (Coleoptera: Coccinellidae) [J]. Proceedings of the Entomological Society of Washington, 1991,93(3):630-635.

[27] Colunga-Garcia M,Gage S H. Arrival,establishment,

and habitat use of the multicolored Asian lady beetle (Coleoptera:Coccinellidae) in a Michigan landscape [J]. Environmental Entomology, 1998, 27 (6): 1574-1580.

[28] Cottrell T E, Yeargan K V. Intraguild predation between an introduced lady beetle, *Harmonia axyridis* (Coleoptera:Coccinellidae),and a native lady beetle, *Coleomegilla maculata* (Coleoptera: Coccinellidae) [J]. Journal of the Kansas Entomological Society, 1998,71(2):159-163.

[29] Cottrell T E,Shapiro-Ilan D I. Susceptibility of a native and an exotic lady beetle(Coleoptera:Coccinellidae)to *Beauveria bassiana* [J]. Journal of Invertebrate Pathology,2003,84(2):137-144.

[30] Cuppen J, Heijerman T, van Wielink P, et al. Het lieveheersbeestje *Harmonia axyridis* in Nederland: een aanwinst voor onze fauna of een ongewenste indringer (Coleoptera: Coccinellidae)? [J]. Nederlandse Faunistische Mededelingen,2004,20:1-12.

[31] Disney R H L. A new species of Phoridae (Diptera) that parasitises a widespread Asian ladybird beetle (Coleoptera:Coccinellidae) [J]. Entomologist,1997, 116(3-4):163-168.

[32] Dutcher J D,Estes P M,Dutcher M J. Interactions in entomology: aphids, aphidophaga and ants in pecan orchards[J]. Journal of Entomological Science,1999, 34(1):40-56.

[33] Ejbich K. Producers in Ontario and northern U. S. bugged by bad odors in wines[J]. The Wine Spectator, 2003,28(2):16.

[34] El-sebaey I I A, El-gantiry A M. Biological aspects and description of different stages of *Harmonia axyridis* (Pallas) (Coleoptera: Coccinellidae) [J]. Bulletin of Faculty of Agriculture University of Cairo,1999,50(1):87-97.

[35] Feng Y, Zhou Z X, An M R, et al. Conspecific and heterospecific interactions modify the functional response of *Harmonia axyridis* and *Propylea japonica* to *Aphis citricola* [J]. Entomologia Experimentalis et Applicata,2018a,166(11-12):873-882.

[36] Feng Y, Zhou Z X, An M R, et al. The effects of prey distribution and digestion on functional response of *Harmonia axyridis* (Coleoptera: Coccinellidae) [J]. Biological Control,2018b,124:74-81.

[37] Ferran A, Gambier J, Parent S, et al. The effect of rearing the ladybird *Harmonia axyridis* on *Ephestia kuehniella* eggs on the response of its larvae to aphid tracks [J]. Journal of Insect Behavior, 1997, 10: 129-144.

[38] Fu W Y, Yu X L, Ahmed N, et al. Intraguild predation on the aphid parasitoid *Aphelinus asychis* by the ladybird *Harmonia axyridis*[J]. BioControl, 2017,62:61-70.

[39] Grez A, Zaviezo T, González G, et al. *Harmonia*

axyridis in Chile: a new threat [J]. Ciencia e Investigacion Agraria,2010,37(3):145-149.

[40] He J, Ma E, Shen Y C, et al. Observations of the biological characteristics of *Harmonia axyridis* (Pallas) (Coleoptera: Coccinellidae) [J]. Journal of Shanghai Agricultural College,1994,12(2):119-124.

[41] Heimpel G E,Lundgren J G. Sex ratios of commercially reared biological control agents[J]. Biological Control, 2000,19(1):77-93.

[42] Hurst G D D, Majerus M E N. Why do maternally inherited microorganisms kill males? [J]. Heredity, 1993,71:81-95.

[43] James R R, Lighthart B. Susceptibility of the convergent lady beetle (Coleoptera: Coccinellidae) to four entomogenous fungi [J]. Environmental Entomology,1994,23(1):190-192.

[44] Kawai A. Sibling cannibalism in the first instar larvae of *Harmonia axyridis* Pallas (Coleoptera, Coccinellidae) [J]. Kontyu,1978,46:14-19.

[45] Kidd K A,Nalepa C A,Day E R. et al. Distribution of *Harmonia axyridis* (Pallas) (Coleoptera: Coccinellidae) in North Carolina and Virginia [J]. Proceedings of the Entomological Society of Washington, 1995, 97(3): 729-731.

[46] Kindlmann P, Dixon A F G. Optimal foraging in ladybird beetles (Coleoptera: Coccinellidae) and its consequences for their use in biological control[J].

European Journal of Entomology，1993，90(4)：443-450.

[47] Koch R L. The multicolored Asian lady beetle，*Harmonia axyridis*：a review of its biology，uses in biological control，and non-target impacts[J]. Journal of Insect Science，2003，3：32.

[48] Koch R L，Venette R C，Hutchison W D. Predicted impact of an exotic generalist predator on monarch butterfly（Lepidoptera：Nymphalidae）populations：a quantitative risk assessment[J]. Biological Invasions，2006，8：1179.

[49] Koch R L，Galvan T L. Bad side of a good beetle：the North American experience with *Harmonia axyridis* [J]. BioControl，2008，53：23-35.

[50] Krafsur E S，Kring T J，Miller J C，et al. Gene flow in the exotic colonizing ladybeetle *Harmonia axyridis* in North America[J]. Biological Control，1997，8(3)：207-214.

[51] Lamana M L，Miller J C. Field observations on *Harmonia axyridis* Pallas(Coleoptera：Coccinellidae) in Oregon [J]. Biological Control，1996，6（2）：232-237.

[52] Lamana M L，Miller J C. Temperature-dependent development in an Oregon population of *Harmonia axyridis* (Coleoptera：Coccinellidae) [J]. Environmental Entomology，1998，27(4)：1001-1005.

[53] Lee J H，Kang T J. Functional response of *Harmonia*

axyridis(Pallas)(Coleoptera:Coccinellidae)to *Aphis gossypii* Glover (Homoptera: Aphididae) in the laboratory [J]. Biological Control, 2004, 31 (3): 306-310.

[54] Lucas E, Labrie G, Vincent C, et al. The multicoloured Asian ladybird beetle: beneficial or nuisance organism? [M]. Wallingford:CABI,2007,38-52.

[55] Magalhaes B P, Lord J C, Wraight S P, et al. Pathogenicity of *Beauveria bassiana* and *Zoophthora radicans* to the Coccinellid predators *Coleomegilla maculata* and *Eriopis connexa* [J]. Journal of invertebrate Pathology,1988,52(3):471-473.

[56] Magnan E M, Sanchez H, Luskin A T, et al. Multicolored Asian ladybeetle(*Harmonia axyridis*) sensitivity [J]. Journal of Allergy and Clinical Immunology,2002,109(1):S80.

[57] Majerus M E N. Ladybirds [M]. London: Harper Collins Publishers,1994,104-110.

[58] Majerus M, Strawson V, Roy H. The potential impacts of the arrival of the harlequin ladybird, *Harmonia axyridis* (Pallas) (Coleoptera:Coccinellidae), in Britain [J]. Ecological Entomology, 2006, 31 (3): 207-215.

[59] McCornack B P,Koch R L,Ragsdale D W. A simple method for in-field sex determination of the multicolored Asian lady beetle *Harmonia axyridis* [J]. Journal of Insect Science,2007,7(10):1-12.

［60］ Meisner M,Harmon J P,Harvey C T,et al. Intraguild predation on the parasitoid *Aphidius ervi* by the generalist predator *Harmonia axyridis*: the threat and its avoidance［J］. Entomologia Experimentalis et Applicata,2011,138(3):193-201.

［61］ Michaud J P. Invasion of the Florida citrus ecosystem by *Harmonia axyridis*(Coleoptera:Coccinellidae)and asymmetric competition with a native species,*Cycloneda sanguinea*［J］. Environmental Entomology,2002,31(5):827-835.

［62］ Mondor E B,Warren J L. Unconditioned and conditioned responses to colour in the predatory coccinellid,*Harmonia axyridis*(Coleoptera:Coccinellidae)［J］. European Journal of Entomology,2000,97(4):463-467.

［63］ Nalepa C A,Kidd K A. Parasitism of the multicolored Asian lady beetle(Coleoptera:Coccinellidae)by *Strongygaster triangulifer*(Diptera:Tachinidae)in North Carolina［J］. Journal of Entomological Science,2002,37(1):124-127.

［64］ Nalepa C A,Kennedy G G,Brownie C. Role of visual contrast in the alighting behavior of *Harmonia axyridis*(Coleoptera:Coccinellidae)at overwintering sites［J］. Environmental Entomology,2005,34(2):425-431.

［65］ Nedvěd O,Háva J,Kulíková D. Record of the invasive alien ladybird *Harmonia axyridis*(Coleoptera,

Coccinellidae) from Kenya [J]. Zookeys, 2011, 106:
77-81.

[66] Obata S. Determination of hibernation site in the
ladybird beetle, *Harmonia axyridis* Pallas (Coleoptera,
Coccinellidae) [J]. Kontyu, 1986, 54(2):218-223.

[67] Obata S. Mating refusal and its significance in female
of the ladybird beetle, *Harmonia axyridis* [J].
Physiological Entomology, 1988, 13(2):193-199.

[68] Ongagna P P, Iperti G. Influence de la température et
de la photopériode chez *Harmonia axyridis* Pall.
(Col. , Coccinellidae):obtention d'adultes rapidement
féconds ou en dormance [J]. Journal of Applied
Entomology, 1994, 117(1-5):314-317.

[69] Osawa N. A life table of the ladybird beetle *Harmonia
axyridis* Pallas (Coleoptera, Coccinellidae) in relation
to the aphid abundance [J]. Japanese Journal of
Entomology, 1992a, 60(3):575-579.

[70] Osawa N. Sibling cannibalism in the ladybird beetle
Harmonia axyridis:fitness consequences for mother
and offspring[J]. Researches on Population Ecology,
1992b, 34:45-55.

[71] Osawa N. The occurrence of multiple mating in a wild
population of the ladybird beetle *Harmonia axyridis*
Pallas (Coleoptera: Coccinellidae) [J]. Journal of
Ethology, 1994, 12:63-66.

[72] Osawa N. Sex-dependent effects of sibling cannibalism on

life history traits of the ladybird beetle *Harmonia axyridis* (Coleoptera:Coccinellidae) [J]. Biological Journal of the Linnean Society,2002,76(3):349-360.

[73] Pell J K,Baverstock J,Roy H E,et al. Intraguild predation involving *Harmonia axyridis*:a review of current knowledge and future perspectives [J]. BioControl,2008,53:147-168.

[74] Perry J C,Roitberg B D. Ladybird mothers mitigate offspring starvation risk by laying trophic eggs[J]. Behavioral Ecology and Sociobiology, 2005, 58: 578-586.

[75] Pervez A,Omkar. Ecology and biological control application of multicoloured asian ladybird, *Harmonia axyridis*: a review [J]. Biocontrol Science and Technology,2006,16(1-2):111-128.

[76] Phoofolo M W,Obrycki J J. Potential for intraguild predation and competition among predatory Coccinellidae and Chrysopidae [J]. Entomologia Experimentalis et Applicata,1998,89(1):47-55.

[77] Poutsma J,Loomans A J M,Aukema B,et al. Predicting the potential geographical distribution of the harlequin ladybird,*Harmonia axyridis*,using the CLIMEX model [J]. BioControl,2008,53:103-125.

[78] Roy H E,Baverstock J,Ware R L,et al. Intraguild predation of the aphid pathogenic fungus *Pandora neoaphidis* by the invasive coccinellid *Harmonia axyridis*[J]. Ecological Entomology,2008a,33 (2):

175-182.

[79] Roy H E,Brown P M J,Rothery P,et al. Interactions between the fungal pathogen *Beauveria bassiana* and three species of coccinellid: *Harmonia axyridis*, *Coccinella septempunctata* and *Adalia bipunctata* [J]. BioControl,2008b,53:265-276.

[80] Roy H E,Adriaens T,Isaac N J B,et al. Invasive alien predator causes rapid declines of native European ladybirds[J]. Diversity and Distributions, 2012, 18 (7):717-725.

[81] Sakurai H,Kumada Y,Takeda S. Seasonal prevalence and hibernating diapause behaviour in the lady beetle, *Harmonia axyridis*[J]. Research Bulletin of the Faculty of Agriculture Gifu University, 1993, (58):51-55.

[82] Sato S,Dixon A F G. Effect of intraguild predation on the survival and development of three species of aphidophagous ladybirds: consequences for invasive species [J]. Agricultural and Forest Entomology, 2004,6(1):21-24.

[83] Sebolt D C, Landis D A. Arthropod predators of *Galerucella calmariensis* L. (Coleoptera:Chrysomelidae): an assessment of biotic interference[J]. Environmental Entomology,2004,33(2):356-361.

[84] Stals R,Prinsloo G. Discovery of an alien invasive, predatory insect in South Africa: the multicoloured Asian ladybird beetle, *Harmonia axyridis* (Pallas)

(Coleoptera:Coccinellidae)[J]. South African Journal of Science,2007,103:123-126.

[85] Stathas G J,Eliopoulos P A,Kontodimas D C,et al. Parameters of reproductive activity in females of *Harmonia axyridis* (Coleoptera: Coccinellidae) [J]. European Journal of Entomology, 2001, 98 (4): 547-549.

[86] Snyder W E,Ballard S N,Yang S,et al. Complementary biocontrol of aphids by the ladybird beetle *Harmonia axyridis* and the parasitoid *Aphelinus asychis* on greenhouse roses[J]. Biological Control,2004,30(2): 229-235.

[87] Takizawa T, Yasuda H, Agarwala B K. Effects of parasitized aphids(Homoptera:Aphididae)as food on larval performance of three predatory ladybirds (Coleoptera:Coccinellidae)[J]. Applied Entomology and Zoology,2000,35(4):467-472.

[88] Tauber M J, Tauber C A. Thermal accumulations, diapause, and oviposition in a conifer-inhabiting predator,*Chrysopa harrisii* (Neuroptera)[J]. The Canadian Entomologist,1974,106(9):969-978.

[89] Ueno H. Intraspecific variation of P2 value in a coccinellid beetle,*Harmonia axyridis*[J]. Journal of Ethology,1994,12:169-174.

[90] Ueno H. Estimate of multiple insemination in a natural population of *Harmonia axyridis* (Coleoptera: Coccinellidae) [J]. Applied Entomology and Zoology,

1996,31(4):621-623.

[91] Ueno H, Sato Y, Tsuchida K. Colour-associated mating success in a polymorphic ladybird beetle, *Harmonia axyridis*[J]. Functional Ecology,1998,12 (5):757-761.

[92] van Lenteren J C,Loomans A J M,Babendreier D,et al. *Harmonia axyridis*: an environmental risk assessment for Northwest Europe[J]. BioControl, 2008,53:37-54.

[93] Wang S,Michaud J P,Tan X L,et al. The aggregation behavior of *Harmonia axyridis* in its native range in Northeast China [J]. BioControl,2011,56:193-206.

[94] Yarbrough J A,Armstrong J L,Blumberg M Z,et al. Allergic rhinoconjunctivitis caused by *Harmonia axyridis*(Asian lady beetle,Japanese lady beetle,or lady bug)[J]. Journal of Allergy and Clinical Immunology,1999,104(3):704-705.

[95] Yasuda H,Takagi T,Kogi K. Effects of conspecific and heterospecific larval tracks on the oviposition behaviour of the predatory ladybird, *Harmonia axyridis*(Coleoptera:Coccinellidae)[J]. European Journal of Entomology,2000,97:551-553.

[96] Yasuda H,Kikuchi T,Kindlmann P,et al. Relationships between attack and escape rates,cannibalism,and intraguild predation in larvae of two predatory ladybirds[J]. Journal of Insect Behavior,2001,14: 373-384.

［97］ Yu X L,Feng Y,Fu W Y,et al. Intraguild predation between *Harmonia axyridis* and *Aphidius gifuensis*: effects of starvation period, plant dimension and extraguild prey density[J]. BioControl,2019,64:55-64.

第三章

异色瓢虫人工扩繁

一、人工饲料

异色瓢虫作为生物防治昆虫已经有相当长的应用历史，利用蚜虫在室内喂养异色瓢虫仅可小规模饲养异色瓢虫，常仅限于科学试验研究。一般可以采用下图所示的改造过的收纳箱等（图 3-1）。在收纳箱内部放入含有蚜虫的植物（图 3-2 和图 3-3），定期更换植物。同时放入带有蜂蜜水的滤纸或棉条，既可增加湿度，又可以在蚜虫不足时，作为替代食物继续饲养异色瓢虫。

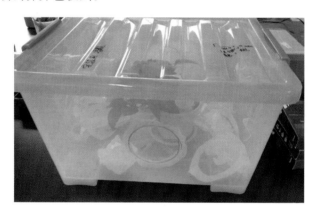

图 3-1 室内使用蚜虫饲养异色瓢虫的改造过的收纳箱（冯毅　制作）

关于瓢虫人工饲料的研究国内外的学者也都做了很多的报道。对于瓢虫饲料研究始于 Smirnoff（1958）的研究，他以天敌昆虫自然猎物的虫体干粉为主要成分配制人工饲料，成功饲养了多种捕食性瓢虫。不同天敌人工饲料中含有不同的营养成分，所以不同天敌饲料其成分相差较大，不过从基本成分分析来看大都包括以下几种成分，如蛋白质、脂质、维生素、碳水化合物、水等。Morales-Ramos 等（2014）利用三

图 3-2 使用辣椒作为寄主植物饲养烟蚜来繁殖异色瓢虫（冯毅　摄）

图 3-3 使用豌豆作为寄主植物饲养豌豆蚜来繁殖异色瓢虫（冯毅　摄）

元图来表示脂质、蛋白质和碳水化合物的比值，如图 3-4 所示为昆虫人工饲料中常用的食品成分比值。

瓢虫的人工饲料主要包括昆虫源饲料和非昆虫源饲料两大类。

1. 昆虫源饲料

昆虫源饲料主要指替代饲料，与自然食物相比，替代饲料具有以下几方面的优点：①饲料来源广，猎物饲养过程相

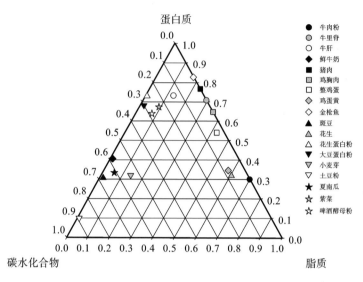

图 3-4 昆虫人工饲料常用的食物来源中脂质、蛋白质和碳水化合物的基本营养比（仿 Morales-Ramos et al.，2014）

对简单，可节省人力、物力和财力；②减少了饲养的自然猎物因种群数量过大而逃逸变为当地作物害虫的可能性；③替代饲料需能够满足天敌昆虫整个生长发育过程所需的全部营养，并有助于天敌昆虫成虫产卵和顺利繁殖后代（党国瑞，2013）。

昆虫源饲料与瓢虫的自然食物一样均来源于昆虫，其营养成分和含量非常接近。因此，昆虫源饲料在瓢虫的人工饲料中应用较多，但昆虫源饲料存在成本较高、材料不易获得等问题。目前，异色瓢虫的昆虫源饲料主要以意大利蜂（*Apis mellifera* Ligustica Spinola）雄蜂蛹、地中海粉螟（*Ephestia kuehniella* Zeller）卵、蝇蛆粉、黄粉虫（*Tenebrio molitor* L.）、广赤眼蜂（*Trichogramma evanescens* Westwood）

蛹等为主。

　　1970 年,Okada 利用蜜蜂雄蜂幼虫作为异色瓢虫的替代饲料,随后研究人员将其改进为更适于取食的雄蜂干粉,同时借助该饲料及一系列规定饲料探索了瓢虫的营养需求(Okada and Matsuka,1973)。在我国,雄蜂幼虫或蛹被广泛应用到瓢虫人工饲料的研制中。通过比较雄蜂、蜂蜜、酵母、猪肝等为主成分的多种人工饲料对异色瓢虫的饲养效果,研究人员发现雄蜂幼虫或蛹是异色瓢虫人工饲料的合适原料(韩瑞兴等,1979)。雄蜂幼虫也能够成功饲养异色瓢虫幼虫和成虫,幼虫成育率为 70%,成虫产卵率高达 80%,单头产卵量约 500 粒(王良衍,1986)。而用雄蜂幼虫加蜂蜜(5:1)饲养异色瓢虫成虫 80 天,产卵率达 84.9%,平均产卵量为 520.4 粒,饲养幼虫的成育率为 66%(高文呈和袁秀菊,1988)。如果在幼虫期取食雄蜂蛹,发育成成虫后,从异色瓢虫雌成虫羽化后第二天开始,每天于雌虫背部以微量进样器滴加保幼激素类似物,其体内卵黄蛋白的含量、取食量和产卵量较对照组显著上升,其中卵黄蛋白的日增长量和含量的极值与取食蚜虫组基本一致(沈志成等,1992),说明异色瓢虫因取食人工饲料或者替代饲料所造成的生长力降低的问题可以通过点滴或者在饲料中添加保幼激素类似物来解决,但这些方法离实际应用还有一定距离。目前,为方便储存和运输,人工饲料所用的雄蜂幼虫或蛹一般需要制备成冷冻干粉。在实际应用中,首先需要与养蜂业保持紧密联系才能保证稳定的原料供应,其大规模生产一般难以进行,更难以用于异色瓢虫的工厂化繁殖(张礼生等,2014)。国内目前研究较成熟的是米蛾卵生产系统,早在 1977 年中国农业科学院植物保护研究所就成功利用大量生产的米蛾卵饲养天敌草蛉,但异色瓢虫取食米蛾卵不能完成一个世代,米蛾卵并不适于作为异色瓢虫的人工饲料(郭建英和万方浩,2001)。

目前,中国的赤眼蜂大规模繁殖技术走在世界的前列,随着人工卵赤眼蜂和柞蚕卵机械化繁蜂技术的进步,赤眼蜂蛹作为异色瓢虫替代饲料受到广泛关注。用柞蚕卵、赤眼蜂蛹和米蛾卵饲养的异色瓢虫,与用烟蚜饲养的异色瓢虫相比,柞蚕卵、赤眼蜂蛹能使其顺利完成一个生命周期,对羽化和性比无显著影响,但发育历期时间显著延长,体重显著减轻(郭建英和万方浩,2001)。研究人员通过比较3种常见的瓢虫替代饲料新鲜雄蜂蛹、人工卵赤眼蜂蛹、自然卵赤眼蜂蛹对异色瓢虫幼虫发育和成虫生殖力的影响,证明人工卵赤眼蜂蛹、自然卵赤眼蜂蛹和新鲜雄蜂蛹均可作为异色瓢虫幼虫期的替代饲料,其中人工卵赤眼蜂蛹效果最好,与饲喂豆蚜的对照差异不显著,但成虫饲喂效果均不理想(张帆等,2008)。

黄粉虫和蝇蛆生产成本低,来源广泛,且虫体营养丰富,逐渐成为一种合适的瓢虫人工饲料添加物。李连枝(2011)以白菜汁25份、研磨成浆状的烤香肠8份、研磨成浆状的黄粉虫8份、氨基酸0.5份、蜂蜜4份配成人工饲料,在异色瓢虫的人工饲养上取得了较好效果。

在欧洲,研究人员较早建立了成熟的地中海粉螟饲养体系,因此以地中海粉螟卵为替代饲料的瓢虫饲养技术的研究较多。法国学者以地中海粉螟卵为饲料,实现了室内异色瓢虫的多代培养,并且成功筛选培育出翅发育不全无法飞行的异色瓢虫品系用以防治温室蚜虫(Tourniaire et al.,2000)。Berkvens等(2008)发现与只饲喂地中海粉螟卵的异色瓢虫种群相比,取食蜂蜜和地中海粉螟卵混合饲料的异色瓢虫的大田种群的产卵期提前。Wolf 等(2018)研究表明饲喂豌豆蚜、地中海粉螟卵和玉米花粉都能使异色瓢虫顺利发育为成虫,仅取食鳞翅目幼虫或荞麦花(主要是花蜜)不能让其发育为成虫。但是把后两者结合在一起,可以使异色瓢虫发育为能生育的成虫。

除此之外,苜蓿叶象甲(*Hypera postica* Gyllenhal)幼虫(Evans and Gunther,2005)、麦蛾(*Sitotroga cerealella* Olivier)卵(Abdel-Salam and Abdel-Baky,2001;Chen et al.,2012)等也都被用来作为替代饲料饲养异色瓢虫。

2. 非昆虫源饲料

非昆虫源饲料一般指饲料成分中不含昆虫,其一般采用动物组织、蔗糖、酵母、蜂蜜以及其他一些对天敌昆虫取食具有促进作用的物质作为主成分配制而成(Trouve et al.,1997)。目前研究较多的是以动物组织肝脏(猪肝)作为主要蛋白质来源的饲料,国内对此较早的研究可见于中国科学院动物研究所昆虫生理研究室(1977),研究人员发现以该种为基础的饲料虽然能够成功饲养异色瓢虫,但在幼虫发育期与成虫体重等指标上均以蚜虫组为优。该种饲料对昆虫激素的生理功能方面影响的研究表明,用该种饲料处理能够加速成虫的生殖生长,使成虫产卵前期缩短,产卵量也较未处理组有显著提高(王小艺和沈佐锐,2002)。在异色瓢虫的几种人工替代饲料中,以肝蛋糖蜜配方喂养的幼虫成育率最高,对成虫繁殖力的影响接近对照组甚至优于对照组(尚竞元和胡素兰,1981)。在许多常用非昆虫源饲料的配方中,以猪肝、蔗糖等物质为主成分的人工饲料能够饲喂异色瓢虫和七星瓢虫并使它们存活,可以基本满足两种天敌的产卵需要,且产卵率均在60%以上(沈志成等,1989)。以猪肝饲料与地中海粉螟卵分别饲喂异色瓢虫幼虫,异色瓢虫幼虫发育历期延长,成虫体重明显减轻。成虫期饲喂猪肝人工饲料其繁殖力显著低于对照组,并对在两种饲料条件下饲喂获得的蛹和成虫体成分进行测定,发现人工饲料组虫体氨基酸、脂肪酸含量显著低于地中海粉螟卵组(Sighinolfi et al.,2008)。如果使用苹果、梨、山竹以及四种真菌(*Oidium lycopersicum*、*Botrytis cinerea*、*Sclerotinia sclerotiorum* 和 *Rhizoctonia solani*)饲养异色瓢虫,与只用水饲养相比,这两组食物都不能使异色瓢虫完成生长发育,但是可以将它的寿命分别延长4~8 天和55~67 天(Berkvens et al.,2010)。如果使用虾、牛肝、牛肉和蛋黄按照5:4:8:4 比例配成人工饲料后饲喂(表 3-1),68%的异色瓢虫成虫都可羽化(Ali et al.,2016)。并且与幼虫期喂食豌豆蚜的羽化出的雌虫相比,喂食人工饲料的幼虫羽化出的雌虫产卵前的间隔时间更短,但是两者的总产卵量之间没有显著性差异。这表明在猎物相对短缺时,可以短时间利用人工饲料大规模饲养异色瓢虫,用于生物防治。

表 3-1　用于饲养未成熟异色瓢虫的各种人工饲料(ADs)组合　(改自 Ali et al.,2016)

编号	材料	AD1	AD2	AD3
1	牛肉	15 g	—	15 g
2	虾[a]	—	20 g	20 g
3	牛肝	15 g	20 g	32 g
4	蛋黄	15 g	10 g	15 g
5	蜂蜜	3 g	5 g	6 g
6	蔗糖	3.75 g	5 g	6 g

编号	材料	AD1	AD2	AD3
7	酵母膏	4 g	500 mg	500 mg
8	蜂王浆	300 mg	—	300 mg
9	婴儿配方奶粉	300 mg	—	500 mg
10	维生素 C	50 mg	50 mg	50 mg
11	山梨酸	150 mg	150 mg	150 mg
12	丙酸钠	50 mg	50 mg	50 mg
13	青霉素	400 mg	400 mg	400 mg
14	硫酸链霉素	400 mg	400 mg	400 mg
15	维生素粉[b]	200 mg	250 mg	350 mg
16	琼脂	—	500 mg	500 mg
17	橄榄油	—	100 μL	100 μL
18	奈森海默氏盐溶液	3.3 mL	3 mL	3 mL
19	蒸馏水	35 mL	50 mL	50 mL

[a] 虾购自超市,去除附属物(头、尾和鳞片),并将虾肉用于制备人工饲料。

[b] 每千克维生素粉中含有维生素 A,8900 IU;维生素 B1,25 g;维生素 C,15 g;维生素 E,3 g;泛酸钙,35 g;泛氨酸,8 g;精氨酸,16.5 g;生物素,8.2 g;赖氨酸,65 g;组氨酸,5 g;叶酸,3 g;蛋氨酸,6 g;烟酸,5 g;色氨酸,60 g

此外,非昆虫源饲料还包括一些化合物限定饲料。化合物限定饲料主要用于研究昆虫营养代谢,以及昆虫对于某种营养物质的需求情况,其具有明确的化学组成,比其他人工饲料更加适于研究天敌昆虫人工饲料的特点。但由于天敌昆虫食性复杂,不同猎物所含营养成分各不相同,因此有关化合物限定饲料的研究较少。关于异色瓢虫,Niijima(1977)报道了一种出 18 种氨基酸、蔗糖、胆固醇,10 种维生素和 6 种无机盐组成的异色瓢虫化合物限定饲料,异色瓢虫幼虫取食该种化合物限定饲料不能发育为成虫,以自然食物饲养至成虫的异色瓢虫取食该饲料也不能产卵繁殖。后续研究中发现将雄蜂蛹的干粉溶于水,然后提取水溶性提取物添加于上述化合物限定饲料中饲喂异色瓢虫成虫,成虫能够完成繁殖并产卵,Niijima 认为可能是水溶性提取物中具有某些未知的物质,这些未知的物质对异色瓢虫的繁殖有促进作用。化合物限定饲料虽然可以自由添加不同组分,但与自然食物相比可能会缺乏很多异色瓢虫生长及繁殖的必须关键因子。目前国内外对异色瓢虫化合物限定饲料的研究鲜见报道,所以很难确定具体成分对异色瓢虫实际生长发育的影响。

二、人工扩繁

为避免人工饲养过程中的高死亡率,实现异色瓢虫的人工大量扩繁,可以基于对异色瓢虫的生活习性和各种特殊行为的了解,建立异色瓢虫人工饲养室,在饲养室内模拟异色瓢虫的常见田间生态环境,并不断优化人工饲养条件,实现异色瓢虫的人工扩繁(Joseph et al., 1999)。研究表明 20～30 ℃ 是异色瓢虫生长发育的合适范围,低温不利于异色瓢虫成虫的交配产卵,高温容易造成异色瓢虫的大量死亡,25 ℃是异色瓢虫生长发育的最适合温度(雷朝亮等,1989;陈洁等,2008;王洪平等,2009)。研究发现长光周期可增加异色瓢虫雌性成虫的繁殖量,短光周期可减少异色瓢虫的发育历期(张伟等,2013)。在实践中,通过使用不同种类的蚜虫来饲喂异色瓢虫,可以明确食物对异色瓢虫生长发育的影响,从而寻找最佳的饲喂蚜虫(张岩等,2008;张伟等,2013)。在不同环境颜色条件下饲养的异色瓢虫,其幼虫生长及成虫产卵也会受到环境颜色的影响,异色瓢虫对环境颜色具有偏好性,不同环境颜色条件下的异色瓢虫差异显著(王甦等,2008)。提高异色瓢虫雌性成虫的交配次数可有效增加其繁殖量,但也会对其存活时间产生影响,因此,多次交配可用于短时间内大量产卵扩繁(肖红和李金钢,2010;申智慧等,2011)。此外,室内饲养温度对幼虫间的自残行为也有显著影响,通过确定异色瓢虫人工饲养的最佳温度能够减少幼虫间的自残行为(王甦等,2008);人工饲养条件下增加异色瓢虫幼虫的相对活动空间、减少异色瓢虫幼虫间相对接触时间也能够减少幼虫间的自残行为(张帆等,2008)。以上研究对增加异色瓢虫人工饲养过程中幼虫的成活率及成虫的产卵量虽有一定程度的提高,但并不能满足异色瓢虫规模化养殖的实际需要,因此有必要大力研究开发新的高效的异色瓢虫人工饲养方式。

异色瓢虫的人工饲养虽然还存在着许多的问题,但关于异色瓢虫人工饲养技术的研究、推广和实践从未中断。例如,有研究人员用温室大棚种植白菜扩繁白菜蚜虫以进行异色瓢虫的工厂化繁育(李连枝,2011);也有研究人员以甜菜夜蛾低龄幼虫饲喂异色瓢虫成功扩繁,并尝试实现其商业化(王红托等,2012)。

三、问题与对策

一直以来,人工饲料或者替代饲料都存在多种问题,如卵不能正常孵化、幼虫发育历期时间延长、大部分幼虫不能完全发育并羽化为成虫、雌性成虫不能产卵或卵块数量和卵粒数减少等问题。这些问题中限制异色瓢虫工厂化、标准化、规模化生产最关键的问题是人工饲料难以维持异色瓢虫正常的生殖发育。针对这个问题,研究人员从天然食物和人工饲料营养成分的选择和比对入手,开展了很多相关研究,但已报道的关于补充和平衡饲料中营养因子的实验均没有获得实质性进展(陈志辉等,1984;张屾,2014;Pilorget et al.,2010)。此外,也有学者从缺乏取食刺激因子或异色瓢虫捕食行为等方面分析人工饲料存在的问题(龚和等,1980;陈志辉等,1984)。综合以上内容,今后异色瓢虫人工饲料的改进可以从以下几方面开展突破:①系统平衡各种营养因子而非单个因素,补充完善饲料营养结构;②寻找能有效刺激异色瓢虫取食的物质,提高异色瓢虫对人工饲料的取食量;③寻找并添加生长发育调控因子。近年来,多组学技术、转基因技术等逐渐应用到异色瓢虫的基础研究当中(Kuwayama et al.,2006,2014;Allen,2015)。对异色瓢虫生理生化与分子生物学的深入研究将有助于人们理解异色瓢虫营养本质和生殖机制,为异色瓢虫人工饲料系统改良提供参考,并为异色瓢虫人工扩繁技术的实质性改进提供一定支持。

鉴于人工饲料无法满足异色瓢虫规模化繁殖的需求,曾凡荣(2017)结合目前已有研究提出了人工饲料与猎物交替饲喂异色瓢虫的生产技术及异色瓢虫人工扩繁研究的技术路线(图3-5)。对于类似天敌昆虫的研究中,在七星瓢虫幼虫期饲喂赤眼蜂蛹,成虫产卵前期改喂蚜虫,可达到与终生取食自然猎物的个体相同的生殖力水平(孙毅等,2001)。如果在异色瓢虫幼虫期饲喂一种人工饲料,成虫期改喂粉螟卵,其成虫10天累计产卵量为303粒,约为终生取食粉螟卵的异色瓢虫的56%(Sighinolfi,2008)。以一种非昆虫源人工饲料饲喂异色瓢虫幼虫,羽化后改喂豌豆蚜,其成虫10天累计产卵量为352粒,可达到终生取食豌豆蚜的对照组的80%,产卵情况有较大提升,与此同时,该人工饲料饲喂的幼

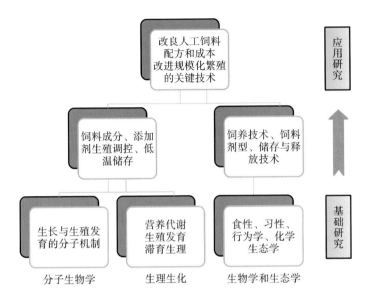

图 3-5 异色瓢虫人工扩繁研究的技术路线（曾凡荣，2017）

虫累计存活率达到 82.2%，因此，可以有效满足人工繁殖异色瓢虫的要求，也可作为异色瓢虫大规模人工饲养中幼虫饲养的阶段性食物（张岫，2014）。

四、储藏

国内学者曾研究探讨了异色瓢虫的生活习性以及越冬特点（李亚杰，1979；何继龙，1994；荆英，2002）。2002 年，孙兴全和褚可龙等在上海交通大学校园内测定了上海地区异色瓢虫成虫的过冷却点，表明异色瓢虫成虫过冷却点范围为 −7.8～−2.8 ℃，平均为 −5.1 ℃。这些研究都为异色瓢虫的储藏提供了一定的理论依据。目前对异色瓢虫的储藏一般是低温冷藏，但不同学者的研究结果略有差异。马春森等（1997）的研究表明：越冬异色瓢虫最佳存活条件为 0 ℃，相对湿度为 75%，在此条件下保存 6 个月的成虫存活率可达 80% 以上；低于 0 ℃会引起存活率下降、寿命缩短；而相对湿度低于 60% 或高于 90% 时成虫难以存活。也有学者认为异色瓢虫卵和成虫在 12 ℃条件下储藏效果较好，但幼虫和蛹的存活率较低（杨俊成和沈佐锐，2000）。因为 12 ℃时异色瓢虫并没有停止生长发育，幼虫间存在自残现象。异色瓢虫蛹冷藏效果差的原因目前还没有被完全阐明。越冬代异色瓢虫过冷却点在－10 ℃左右，通过驯化目前只能略微提高其对低温的耐受能力。此外，前人研究表明，异色瓢虫人工扩繁的成虫的最适冷藏温度为 10 ℃，此温度条件下冷藏 30 天以内的成虫存活率可达 85% 以上。昆虫不同的虫态、同一虫态的不同发育阶段对低温的抵抗能力往往存在很大差异，而且自然越冬代昆虫的抗低温能力远远高于人工饲养的昆虫。通过对人工扩繁异色瓢虫冷藏条件的筛选，研究人员发现利用温度和光周期诱导成虫进入滞育状态可以明显提高其存活率、延长冷藏期（滕树兵和徐志强，2005）。

主要参考文献

[1] 陈洁,秦秋菊,孙文琰,等.温度对异色瓢虫实验种群的影响[J].植物保护学报,2008,35(5):405-409.

[2] 陈志辉,钦俊德,范学民,等.人工饲料中添加脂类和昆虫保幼激素类似物对七星瓢虫取食和生殖的影响[J].昆虫学报,1984,27(2):136-145.

[3] 党国瑞.含不同昆虫成分的人工饲料对大草蛉成虫生存和繁殖的影响[D].北京:中国农业科学院,2013.

[4] 龚和,翟启慧,魏定义,等.七星瓢虫的卵黄发生:卵黄原蛋白的发生和取食代饲料的影响[J].昆虫学报,

1980,23(3):252-259.

[5] 郭建英,万方浩.三种饲料对异色瓢虫和龟纹瓢虫的饲喂效果[J].中国生物防治,2001,17(3):116-120.

[6] 何继龙,马恩沛,沈允昌,等.异色瓢虫生物学特性观察[J].上海农学院学报,1994,12(2):119-124.

[7] 荆英,张永杰,马瑞燕.山西省异色瓢虫生物学特性研究[J].山西农业大学学报,2002,22(1):42-45.

[8] 雷朝亮,宗良炳,肖春.温度对异色瓢虫影响作用的研究[J].植物保护学报,1989,16(1):21-25.

[9] 李连枝.异色瓢虫工厂化繁育技术研究[J].山西林业科技,2011,40(1):28-30.

[10] 李亚杰,张时敏,杨金宽,等.异色瓢虫生活习性的初步观察[J].昆虫知识,1979,(4):155-156.

[11] 马春森,何余容,张国红,等.温湿度对越冬异色瓢虫(*Harmonia axyridis*)存活的影响[J].生态学报,1997,17(1):23-28.

[12] 尚竞元,胡素兰.用代饲料饲养异色瓢虫[J].昆虫天敌,1981,3(1-2):30-31.

[13] 申智慧,杨洪,袁瑞,等.异色瓢虫的交配及配后的保护行为研究[J].山地农业生物学报,2011,30(1):27-31.

[14] 沈志成,胡萃,龚和.瓢虫人工饲料的研究进展[J].昆虫知识,1989,26(5):313-316.

[15] 沈志成,胡萃,龚和.取食雄蜂蛹粉对龟纹瓢虫和异色瓢虫卵黄发生的影响[J].昆虫学报,1992,35(3):273-278.

[16] 孙毅,万方浩,姬金红,等.利用人工卵赤眼蜂蛹规模

化饲养七星瓢虫的可行性研究[J].植物保护学报，2001,28(2):139-145.

[17] 滕树兵,徐志强.人工扩繁代异色瓢虫卵和成虫最适冷藏条件的探讨[J].昆虫知识,2005,42(2):180-183.

[18] 王红托,张伟东,陈新中,等.异色瓢虫规模化生产技术及瓢虫工厂的建立[J].应用昆虫学报,2012,49(6):1726-1731.

[19] 王洪平,纪树凯,翟文博.温度对异色瓢虫生长发育和繁殖的影响[J].昆虫知识,2009,46(3):449-452.

[20] 王良衍.异色瓢虫的人工饲养及野外释放和利用[J].昆虫学报,1986,29(1):104.

[21] 王甦,刘爽,张帆,等.环境颜色对异色瓢虫生长发育及繁殖能力的影响[J].昆虫学报,2008,51(12):1320-1326.

[22] 王小艺,沈佐锐.异色瓢虫的应用研究概况[J].昆虫知识,2002,39(4):255-261.

[23] 肖红,李金钢.多次交配对异色瓢虫雌虫寿命及适合度的影响[J].四川动物,2010,29(6):960-962.

[24] 杨俊成,沈佐锐.冷藏条件对瓢虫存活的影响[J].昆虫学报,2000,43(S1):211-214.

[25] 曾凡荣.昆虫及捕食螨规模化扩繁的理论和实践[M].北京:科学出版社,2017.

[26] 张帆,杨洪,关玲,等.饲养方式对异色瓢虫幼虫生存的影响[J].环境昆虫学报,2008,30(1):64-66.

[27] 张礼生,陈红印,李保平.天敌昆虫扩繁与应用[M].北京:中国农业科学技术出版社,2014.

[28] 张岫.非昆虫源人工饲料对异色瓢虫生物学、生化特

性及捕食行为影响的研究[D].北京:中国农业科学院,2014.

[29] 张伟,何运转,黎丹,等.光周期和食物对异色瓢虫生长发育的影响[J].河北农业大学学报,2013,36(1):80-84.

[30] 张岩,秦秋菊,陈洁,等.五种蚜虫对异色瓢虫生长发育和繁殖的影响[J].植物保护学报,2008,35(5):394-398.

[31] 中国科学院北京动物研究所昆虫生理研究室.七星瓢虫和异色瓢虫人工饲养和繁殖试验初报[J].昆虫知识,1977,(2),58-60.

[32] Abdel-Salam A H, Abdel-Baky N F. Life table and biological studies of *Harmonia axyridis* Pallas (Col., Coccinellidae) reared on the grain moth eggs of *Sitotroga cerealella* Olivier (Lep., Gelechiidae)[J]. Journal of Applied Entomology, 2001, 125 (8): 455-462.

[33] Ali I, Zhang S, Luo J Y, et al. Artificial diet development and its effect on the reproductive performances of *Propylea japonica* and *Harmonia axyridis* [J]. Journal of Asia-Pacific Entomology, 2016, 19 (2): 289-293.

[34] Allen M L. Characterization of adult transcriptomes from the omnivorous lady beetle *Coleomegilla maculata* fed pollen or insect egg diet[J]. Journal of Genomics, 2015, 3:20-28.

[35] Berkvens N, Bonte J, Berkvens D, et al. Pollen as an

alternative food for *Harmonia axyridis* [J]. BioControl,2008,53(1):201-210.

[36] Berkvens N,Landuyt C,Deforce K,et al. Alternative foods for the multicoloured Asian lady beetle *Harmonia axyridis* (Coleoptera: Coccinellidae) [J]. European Journal of Entomology, 2010, 107 (2): 189-195.

[37] Chen J, Qin Q J, Liu S, et al. Effect of six diets on development and fecundity of *Harmonia axyridis* (Pallas) (Coleoptera: Coccinellidae) [J]. African Entomology,2012,20(1):85-90.

[38] Evans E W,Gunther D I. The link between food and reproduction in aphidophagous predators: a case study with *Harmonia axyridis* (Coleoptera: Coccinellidae)[J]. European Journal of Entomology, 2005,102(3):423-430.

[39] Joseph S B, Snyder W E, Moore A J. Cannibalizing *Harmonia axyridis* (Coleoptera: Coccinellidae) larvae use endogenous cues to avoid eating relatives[J]. Journal of Evolutionary Biology, 1999, 12 (4): 792-797.

[40] Kuwayama H,Gotoh H,Konishi Y,et al. Establishment of transgenic lines for jumpstarter method using a composite transposon vector in the ladybird beetle, *Harmonia axyridis* [J]. PLoS One, 2014, 9 (6), e100804.

[41] Kuwayama H, Yaginuma T, Yamashita O, et al.

Germ-line transformation and RNAi of the ladybird beetle, *Harmonia axyridis* [J]. Insect Molecular Biology,2006,15(4):507-512.

[42] Morales-Ramos J A, Rojas M G, Coudron T A. Artificial diet development for entomophagous arthropods[M]//Morales-Ramos J A, Rojas M G, Shapiro-Ilan D I. Mass production of beneficial organisms. United States: Academic Press, 2014: 203-240.

[43] Okada I. A new method of artifical rearing of coccinellids, *Harmonia axyridis* Pallas[J]. Heredity (Tokyo),1970,24(11):32-35.

[44] Okada I,Matsuka M. Artificial rearing of *Harmonia axyridis* on pulverized drone honey bee brood[J]. Environmental Entomology,1973,2(2):301-302.

[45] Pilorget L,Buckner J,Lundgren J G. Sterol limitation in a pollen-fed omnivorous lady beetle (Coleoptera: Coccinellidae) [J]. Journal of Insect Physiology, 2010,56(1):81-87.

[46] Sighinolfi L,Febvay G,Dindo M L,et al. Biological and biochemical characteristics for quality control of *Harmonia axyridis* (Pallas) (Coleoptera, Coccinellidae) reared on a liver-based diet [J]. Archives of Insect Biochemistry and Physiology,2008,68(1):26-39.

[47] Smirnoff W A. An artificial diet for rearing coccinellid beetles[J]. The Canadian Entomologist,1958,90(9): 563-565.

［48］ Tourniaire R，Ferran A，Giuge L，et al. A natural flightless mutation in the ladybird，*Harmonia axyridis* ［J］. Entomologia Experimentalis et Applicata，2000，96 (1)：33-38.

［49］ Trouve C，Ledee S，Ferran A，et al. Biological control of the damson-hop aphid，*Phorodon humuli* (Hom. ：Aphididae)，using the ladybeetle *Harmonia axyridis* (Col. ：Coccinellidae) ［J］. Entomophaga，1997，42：57-62.

［50］ Wolf S，Romeis J，Collatz J. Utilization of plant-derived food sources from annual flower strips by the invasive harlequin ladybird *Harmonia axyridis*［J］. Biological Control，2018，122：118-126.

第四章
异色瓢虫释放和控害效果

全世界应用瓢虫科昆虫对有害生物进行控制已经有将近 120 年的历史(王甦等,2007)。异色瓢虫作为常见的捕食性瓢虫,在其引入地及原生地都发挥了极其重要的害虫控制作用(王小艺和沈佐锐,2002b;Koch,2003)。1916 年在加利福尼亚州释放异色瓢虫以来,经过近百年的发展,异色瓢虫已经扩散到美国 15 个以上州,涵盖大部分主要农业生产区(Gordon,1985)。在美国东北部及加拿大东南部地区,异色瓢虫在对美洲山核桃(*Carya illinoeensis* Wangenheim)及红松(*Pinus koraiensis* Siebold et Zuccarini)上的害虫综合治理中发挥了重要作用(Koch,2003),Cardinale 等(2003)通过对农业生态系统多样性调查后发现异色瓢虫对于紫苜蓿(*Medicago sativa* Linnaeus)上的豌豆蚜有极佳的控害效果。在美国南部地区,异色瓢虫已经成为棉田中棉蚜(*Aphis gossypii* Glover)的主要天敌,并且应用面积正在不断扩大(Wells et al., 2001)。异色瓢虫不仅可以对黄瓜菜(*Paraixeris denticulata* Houttuyn)上的棉蚜进行防治(Gil et al.,2004),而且在防治豌豆上的蚜虫时,异色瓢虫的控害能力也是远高于本地捕食性瓢虫(Snyder et al.,2004)。另外,异色瓢虫还被应用于象甲科(Curculionidae)昆虫的防治,如美国佛罗里达州利用异色瓢虫控制柑橘(*Citrus reticulata* Blanco)上的根象(*Diaprepes abbreviates* L.),效果十分明显(Stuart et al.,2002)。

在我国,人们释放异色瓢虫对烟草、桃、苹果及棉花种植地的蚜虫种群进行生物防治,能够针对目标害虫麦二叉蚜(*Schizaphis graminum* Rondani)(邹运鼎等,1996)、桃蚜(*Myzus persicae* Sulzer)(巫厚长等,2000)、梨二叉蚜(*Toxoptera piricola* Mats)、苹果绵蚜(*Eriosoma lanigerum*

Hausmann)及桃粉蚜(*Hyalopterus amygdali* Blanchard)(马菲等,2005)等提供有效控制。建立异色瓢虫种群可以很好地控制草莓(*Fragaria* × *ananassa* Duch.)和金盏菊(*Calendula officinalis* Linnaeus)上的棉蚜(王甦等,2005);在江西,通过有条件地释放异色瓢虫可以对芦笋(*Asparagus officinalis* Linnaeus)上的芦笋小管蚜(*Brachycorynella asparagi* Mordvilko)进行防治(李修炼等,1995)。同样,对于一些规模稍小的农业生产系统如温室蔬菜及观赏植物来说,异色瓢虫也是很好的生物防治工具。在林业害虫治理上,异色瓢虫对梨树上的中国梨木虱(*Psylla chinensis* Yang et Li)(盖英萍等,2001)具有十分显著的防治效果。李照会和郑万强等(1993)报道异色瓢虫对毛白杨(*Populus tomentosa* Carr.)上的白毛蚜(*Chaitophorus populialbae* Boyer et Fonscolombe)有很好的防治效果。此外,异色瓢虫对于近年来在我国危害严重的铁杉球蚜(*Adelges tsugae* Annand)也具备一定的防治潜力(Yu et al.,2000)。

无论在异色瓢虫原产地亚洲地区(Cho et al.,1997;王小艺和沈佐锐,2002b),还是在引入地(Buntin and Bouton,1997;Musser and Shelton,2003),关于农药对异色瓢虫各方面影响的相关研究工作一直在深入开展。这些研究工作一般涉及农药对异色瓢虫死亡率、繁殖力、捕食功能反应及行为学特征等方面。王小艺和沈佐锐(2002b)测定了吡虫啉等6种杀虫剂亚致死剂量对异色瓢虫成虫繁殖力的影响,发现这几种杀虫剂对于卵孵化率以及各龄幼虫发育历期都有较大的影响。对这几种杀虫剂的选择毒性进行比较后发现,其安全性为阿维菌素、鱼藤酮、印楝素、吡虫啉对异色瓢虫有较好的安全性(王小艺和沈佐锐,2002a)。郝小草等(1990)测量了 13 种杀虫剂对异色瓢虫成虫的毒力,发现几种常用的拟除虫菊酯类杀虫剂对异色瓢虫毒力较强,而灭幼脲、抑太保和卡死克相对较为安全,可以用于综合防治。

主要参考文献

[1] 盖英萍,冀宪领,刘玉升,等.异色瓢虫对中国梨木虱若虫的捕食作用[J].植物保护学报,2001,28(3):285-286.

[2] 郝小草,胡发清,方昌源.十三种杀虫剂对异色瓢虫成虫的室内毒力测定[J].棉花学报,1990,2(1):91-94.

[3] 李修炼,朱象三,袁锋.芦笋小管蚜天敌研究[J].西北农业大学学报,1995,23(5):39-43.

[4] 李照会,郑万强,叶保华,等.异色瓢虫对白毛蚜捕食作用的研究[J].昆虫学报,1993,36(4):438-443.

[5] 马菲,杨瑞生,高德三.果园蚜虫的发生及应用异色瓢虫控蚜[J].辽宁农业科学,2005,(2):37-39.

[6] 王甦,张润志,张帆.异色瓢虫生物生态学研究进展[J].应用生态学报,2007,18(9):2117-2126.

[7] 王小艺,沈佐锐.异色瓢虫的应用研究概况[J].昆虫知识,2002a,39(4):255-261.

[8] 王小艺,沈佐锐.亚致死剂量杀虫剂对异色瓢虫捕食作用的影响[J].生态学报,2002b,22(12):2278-2284.

[9] 巫厚长,程遐年,邹运鼎.不同饥饿程度的龟纹瓢虫成虫对烟蚜的捕食作用[J].应用生态学报,2000,11(5):749-752.

[10] 邹运鼎,耿继光,陈高潮,等.异色瓢虫若虫对麦二叉蚜的捕食作用[J].应用生态学报,1996,7(2):

197-200.

[11] Buntin G D,Bouton J H. Aphid(Homoptera:Aphididae) management in alfalfa by spring grazing with cattle [J]. Journal of Entomological Science,1997,32(3): 332-342.

[12] Cardinale B J,Harvey C T,Gross K,et al. Biodiversity and biocontrol:emergent impacts of a multi-enemy assemblage on pest suppression and crop yield in an agroecosystem [J]. Ecology Letters, 2003, 6 (9): 857-865.

[13] Gil L, Ferran A, Gambier J, et al. Dispersion of flightless adults of the Asian lady beetle,*Harmonia axyridis*, in greenhouses containing cucumbers infested with the aphid *Aphis gossypii*:effect of the presence of conspecific larvae [J]. Entomologia Experimentalis et Applicata,2004,112(1):1-6.

[14] Gordon R D. The Coccinellidae (Coleoptera) of America north of Mexico[J]. Journal of the New York Entomological Society,1985,93:1-912.

[15] Cho J R, Hong K J, Yoo J K, et al. Comparative toxicity of selected insecticides to *Aphis citricola*, *Myzus malisuctus* (Homoptera:Aphididae), and the predator *Harmonia axyridis* (Coleoptera:Coccinellidae) [J]. Journal of Economic Entomology, 1997, 90 (1): 11-14.

[16] Koch R L. The multicolored Asian lady beetle,*Harmonia axyridis*:a review of its biology, uses in biological

control,and non-target impacts[J]. Journal of Insect Science,2003,3(32):1-16.

[17] Musser F R,Shelton A M. Bt sweet corn and selective insecticides: impacts on pests and predators [J]. Journal of Economic Entomology,2003,96(1):71-80.

[18] Snyder W E,Clevenger G M,Eigenbrode S D. Intraguild predation and successful invasion by introduced ladybird beetles [J]. Oecologia,2004,140:559-565.

[19] Stuart R J,Michaud J P,Olsen L,et al. Lady beetles as potential predators of the root weevil *Diaprepes abbreviatus* (Coleoptera: Curculionidae) in Florida citrus [J]. Florida Entomologist, 2002, 85 (3): 409-416.

[20] Wells M L,McPherson R M,Ruberson J R,et al. Coccinellids in cotton: population response to pesticide application and feeding response to cotton aphids (Homoptera: Aphididae) [J]. Environmental Entomology,2001,30(4):785-793.

[21] Yu G, Montgomery M E, Yao D. Lady beetles (Coleoptera: Coccinellidae) from Chinese hemlocks infested with the hemlock woolly adelgid, *Adelges tsugae* Annand (Homoptera: Adelgidae) [J]. The Coleopterists Bulletin,2000,54(2):154-199.

第五章
应用与实践

在湖北恩施烟区,烟蚜的发生和危害日益严峻,烟叶的绿色无公害生产成为时代主题,异色瓢虫因其取食量大、适应性强、控制效果立竿见影等特点,成为烟蚜控制的主要途径之一。在湖北省烟草公司领导下,湖北省烟草公司恩施州公司与西北农林科技大学、华中农业大学共同开展异色瓢虫的饲养和应用技术研究,以期为烟蚜的绿色防控提供理论保障和技术支持。

依托项目支持,对异色瓢虫养殖场所建设、人工饲料优化、分类喂养方式等方面进行研究和探索,建立一套系统完整、操作性强的养殖流程与规范,实现异色瓢虫规模化繁育;并针对恩施山区气候特点和蚜虫发生规律,开展异色瓢虫释放时期、虫态和释放方式等方面研究与应用,形成靶向明确、精准释放、高效控制的生物防治技术体系。

一、养殖技术

1. 养虫室选址

位于湖北省恩施市的异色瓢虫养殖室,选址于恩施市望城坡现代烟草农业科技园区的塑钢育苗大棚内。依托塑钢大棚现代化的温度、湿度、光照控制设施,为异色瓢虫养虫室提供良好的附属设施。蚜虫养殖所需要的蚕豆、烟草等植物,均可在养虫室以外的塑钢大棚内种植,受气候影响较小,基本可以实现终年种植(图 5-1)。

2. 养虫室建设

异色瓢虫的人工饲养室由 64 m^2 玻璃温室构成(图 5-2)。玻璃温室共分 2 间,分别为成虫饲养室和幼虫饲养室,每间 32 m^2。饲养室内放置养虫架,养虫架为层高 50 cm(成虫养虫室)和 25 cm(幼虫养虫室),宽 50 cm,长 300 cm 的铝合金

图 5-1 塑钢大棚内观及养虫室外观(夏鹏亮 摄)

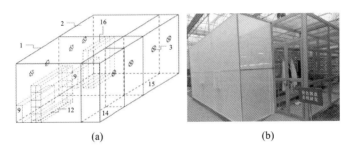

(a)   (b)

图 5-2 异色瓢虫养虫室设计图及实物图

(a) 王昌军等,2012;(b) 夏鹏亮 摄

架,每架分5层(成虫养虫室)和8层(幼虫养虫室),层间用木板隔开,架子底部留20 cm隔离空间用以防潮。幼虫养虫室分隔为卵孵化区、一至二龄幼虫饲养区、三龄幼虫饲养区、四龄幼虫饲养区和蛹区5个区域。养殖室具有良好的温度、光照控制设施,实现饲养过程中对环境条件的控制。合理分割各形态异色瓢虫养殖区,根据各形态习性实现分区饲养,利于人工大量养殖的流程化。养虫室四周有纱网组成的网室及网箱,分别用来模拟瓢蚜平衡和探索控蚜效率。

3. 饲料选择

（1）活体饲料（蚜虫）。

研究表明，异色瓢虫偏好取食豌豆蚜和烟蚜，取食不同蚜虫的发育历期为苜蓿蚜＞甘蓝蚜＞玉米蚜＞豌豆蚜＞萝卜蚜＞烟蚜，异色瓢虫取食烟蚜后生长速度快，发育历期短。豌豆蚜个体较大，需求量小，是异色瓢虫室内大量繁殖的主要活体饲料，其次为烟蚜。蚜虫供应不足时，市售柞蚕蛹，可作为替代活体饲料。异色瓢虫取食蚜虫见图 5-3。

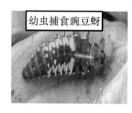  

图 5-3　异色瓢虫取食蚜虫（夏鹏亮　摄）

（2）蚕豆培育。

蚕豆叶片较大，更加适合豌豆蚜扩繁。经过对不同的栽培模式进行比较，发现采用漂湿育苗方式种植的蚕豆出苗早、出苗率高、生长速度快、死亡率低，是理想的寄主植物培育模式。蚕豆种子浸泡 12～24 h 后播种，蚕豆播种后 3～4 天开始出苗，蚕豆苗株高 4～5 cm 且有 1～2 片真叶时接种豌豆蚜，豌豆蚜扩繁到豆尖 10～15 cm 幼嫩部分时剪取喂养异色瓢虫。

（3）人工饲料。

经过验证发现，猪肝、蜂蜜为主体的饲料配方能较好地满足本地区异色瓢虫的生长发育，可以部分替代活体饲料（图 5-4）。但是，全部使用人工饲料存在幼虫生长发育历期

高龄幼虫

非产卵成虫

图 5-4　异色瓢虫取食人工饲料（夏鹏亮　摄）

延长，容易发生自残现象，仍然不能完全替代活体饲料，需要补充活体饲料，完成幼虫的完全发育。

4. 养殖方式

（1）习性研究。

低龄幼虫随着密度增加，死亡率减小，说明幼虫具有群居特性，随着龄期的增加，其群居性减弱，散居性增强，四龄幼虫开始表现为明显的散居特性。成虫随着密度增加，单雌产卵量下降，说明成虫具有散居特性。

（2）分类饲养。

鉴于各虫态生活习性不同，需要根据不同的昆虫形态，设计养虫笼和养虫盒，并在养虫室内进行分区养殖。同时实行分类饲养方式：①低龄幼虫有群居特性且身体脆弱，以活体蚜虫为饲料，养殖密度为每 100 m² 300～500 头；②高龄幼虫有半群居特性，使用人工饲料搭配蚜虫（各占 1/2 当量）的方式，养殖密度为每 100 m² 30～50 头；③产卵成虫有散居特性，需要取食活体蚜虫才能产卵，产卵密度为每 100 m² 30～50 头；④非产卵成虫受密度影响较小，取食人工饲料即可，养殖密度为每 100 m² 300～500 头。

二、控蚜技术

1. 释放时期

研究蚜虫的发生规律,进而可论证异色瓢虫的释放时期。研究发现恩施地区田间有翅蚜发生曲线为双峰曲线,5月上旬和7月上旬为发生高峰;无翅蚜发生曲线为单峰曲线,7月中旬为发生高峰。有翅蚜迁入高峰时,种群数量小并高度集中于部分地区,构成了田间蚜虫的虫口基数,是蚜虫防治的关键时期,也是异色瓢虫最佳释放时期(夏鹏亮等,2014,2015)。

2. 释放量

(1)蚜量较低时(低于 30 头/株):释放异色瓢虫成虫,成虫具有飞翔能力,觅食能力较强,按照 40 头/亩释放量(1 亩≈667 m²),2～3 天即可取得明显效果。

(2)蚜量适中时(介于 30～100 头/株):可以按照 1∶1000 的益害比,释放异色瓢虫成虫和四龄幼虫的混合种群,异色瓢虫成虫和四龄幼虫的比例为 1∶1。

(3)蚜量较高时(高于 100 头/株):按照 1∶1000 的益害比,释放异色瓢虫四龄幼虫,可以达到很好的控制效果,且节约养殖成本。同时辅助释放异色瓢虫成虫 40 头/亩,以达到进一步搜寻的效果。

3. 释放方式

(1)成虫释放:异色瓢虫成虫具有飞翔能力,且田间适应能力最强,是目前主要的异色瓢虫释放方式。释放最佳时机为蚜虫发生初期,可控制蚜量基数;释放最佳天气为阴天,雨天和晴天不利于异色瓢虫田间定殖;释放前饥饿 24 h,有利于提高田间控制效率。

（2）蛹释放：蛹期不吃不动，抗逆性强，适合邮寄和运输，是最佳释放方式，也是最佳的冷藏虫态，是下阶段异色瓢虫走向商品化的最佳途径。

（3）幼虫释放：研究发现，异色瓢虫四龄幼虫可以忍耐饥饿的时间为 4 天，可空腹爬行 7.6 km，具有较强的田间适应能力；高龄烟蚜的捕食量为 124 头/天，与成虫的捕食量无显著差异。在田间蚜量较大时释放异色瓢虫四龄幼虫，可以降低 $30\%\sim50\%$ 的养殖成本。

（4）卵释放：现阶段，卵释放主要用于种虫接种。卵缺乏自我保护能力，容易在运输和释放中受到损失。因此需要使用卵保护装置。装置由塑料材质制成，可以在少量挤压的状态下，保护卵不受损害，可承受更多积压，增加运输量；塑料质轻，既易于取放，又可有效防止雨水侵袭，降低卵块损耗；塑料便于回收，回收后稍加清洗和消毒，又能重新使用；两端开口处增加折叠手，可使昆虫避免不利环境和天敌入侵，挂手使轻质装置在不伤害叶片的同时悬挂于叶片上，可随时悬挂和摘取，使操作更加简便。该装置提高了异色瓢虫卵在运输和释放中的存活率。

（5）冷藏待放：蚜虫发生具有爆发性和不可预期性，可将暂时不用的异色瓢虫蛹或成虫进行冷冻保藏待放。研究发现，异色瓢虫成虫和蛹在 $4\sim6$ ℃下冷冻 30 天，成活率仍然有 $80\%\sim90\%$，且捕食效率所受影响不明显。

三、技术流程

经过研究和探索，形成了适合恩施地区气候条件和地域特色的异色瓢虫养殖释放技术流程。异色瓢虫养殖释放技术体系见图 5-5。

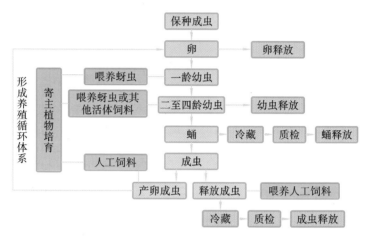

图 5-5　异色瓢虫养殖释放技术体系（夏鹏亮　制）

四、推广应用

2015—2018 年,在恩施州建立起以恩施市为中心、涵盖宣恩、利川、巴东、鹤峰、咸丰 5 个县(市)的"1+5"养殖示范基地,累计繁育异色瓢虫 1400 余万只,主要经济作物(果树、蔬菜、茶叶、烟叶等)释放面积达到 72.5 万亩,平均防治效果达75% 左右,累计产生直接经济效益 1.37 亿元。推广异色瓢虫控蚜技术,可减少 80% 以上防蚜类化学农药使用量,释放区异色瓢虫自然越冬种群密度提高了 85%～140%,田间蚜虫密度减少 45%～60%。

主要参考文献

[1]　夏鹏亮,王瑞,王昌军,等.恩施烟区无翅桃蚜在烤烟田

空间动态的地统计学分析[J].生态学报,2014,34(5):1198-1204.

[2] 夏鹏亮,刘映红,樊俊,等.烟蚜在烤烟田分布动态的地统计学分析[J].应用生态学报,2015,26(2):548-554.